怎样当好
猪场饲养员

ZENYANG DANGHAO ZHUCHANG SIYANGYUAN

李文刚　编著

中国科学技术出版社
·北京·

图书在版编目（CIP）数据

怎样当好猪场饲养员/李文刚编著．—北京：
中国科学技术出版社,2017.1
ISBN 978-7-5046-7383-1

Ⅰ.①怎…　Ⅱ.①李…　Ⅲ.①养猪学　Ⅳ.①S828

中国版本图书馆 CIP 数据核字（2017）第 000928 号

策划编辑	乌日娜
责任编辑	乌日娜
装帧设计	中文天地
责任校对	刘洪岩
责任印刷	马宇晨

出　　版	中国科学技术出版社
发　　行	中国科学技术出版社发行部
地　　址	北京市海淀区中关村南大街 16 号
邮　　编	100081
发行电话	010-62173865
传　　真	010-62173081
网　　址	http://www.cspbooks.com.cn

开　　本	889mm×1194mm　1/32
字　　数	130 千字
印　　张	5.5
版　　次	2017 年 1 月第 1 版
印　　次	2017 年 1 月第 1 次印刷
印　　刷	北京盛通印刷股份有限公司
书　　号	ISBN 978-7-5046-7383-1／S·616
定　　价	18.00 元

P_{reface} 前言

农业是国民经济的基础,而畜牧业是农业的重要组成部分,畜牧业产值在农业产值中的比重是衡量一个国家或地区经济发达程度的标志之一。近几年来,各地畜牧业产值占农业产值的比重在不断增加,畜牧业已成为各地经济发展的主要推动力。生猪产业是我国畜牧业的支柱产业,多年来我国生猪出栏量和猪肉产量一直位于世界首位。国家统计局的数据表明,2015 年国内肉类产量为 8 454 万吨,其中猪肉产量为 5 487 万吨,占到肉类总产量的65%。2015 年全年年末生猪存栏量为 45 113 万头,全年生猪出栏量为 70 825 万头。由于 2015 年能繁母猪数、猪存栏量、出栏量、猪肉产量较 2013 年、2014 年明显降低,所以猪价从 2015 年起一直涨高,到 2016 年达到了历史新高,有些地方每千克活重高达 22元,仔猪价格也达到了历史极值,每头 15 千克仔猪达千元以上,2016 年每头出栏育肥猪普遍净利润达到 50～800 元,甚至更多。养猪业的发展与进步对促进国民经济发展和丰富城乡人民的菜篮子起到了重要作用,养猪也是农民脱贫致富的主要门路之一。

经营猪场的目的是获得最大的经济效益,因此基础是养好猪、多出栏猪,而饲养人员是猪场最一线的生产人员,其素质和技能、操作规范水平,可以说直接影响猪场效益。工欲善其事,必先利其器,所以应该让饲养人员了解养猪的基本知识,掌握养猪生产的各个环节的关键技术。本书内容包括有猪场饲养人员的分类和职责,饲养人员的上岗条件,饲养人员的劳动保护,学习和了解养猪的基本知识，养猪场的工艺流程和饲料配制的一般技术，掌握各类猪只或猪舍的饲养管理要求，不同季节猪的饲养管理方法，还要掌握猪的配种技术特别是人工授精技术。本书内容丰富、翔实，文字通俗易懂，实用性、操作性强，适用于猪场饲养员、基层技术人员和中小型养殖场户人员参考学习。

本书编著者多年在第一线从事养猪技术科研、开发、推广及猪场管理工作，不仅有深厚的专业理论基础，还有丰富的实践经验。在撰写过程中，除了编著者的经验总结、发表过的论文外，还参考了大量专著和研究材料，在此表示衷心的感谢和崇高的敬意。

由于编者知识水平有限，书中难免出现纰漏或错误。敬请广大读者提出宝贵意见。

编 著 者

*C*ontents 目 录

第一章
猪场饲养员分工、职责与上岗条件

一、猪场饲养员分工与职责

(一)猪场饲养员分工

猪场饲养员主要是指猪场内饲养和管理各类猪只的人员。按照猪场饲养猪的类型不同,可以分为母猪饲养员(包括妊娠母猪饲养员和哺乳母猪饲养员)、仔猪饲养员、后备猪饲养员和育肥猪饲养员及公猪饲养员。有时配种员(兼化验员),除粪、消毒人员,饲料运输供应人员等也可以包括在饲养员内。

(二)猪场饲养员职责

猪场饲养员的工作岗位,不单单是喂猪,还包括猪场设备的维护、猪群健康的监控、饲料的投放、猪舍的清理、协助技术员做好防疫、消毒、配种等,几乎涵盖猪场日常管理的方方面面。猪场饲养员分工不同,其工作内容和职责也不一样。

1. **妊娠母猪舍妊娠母猪饲养员工作职责** 主要负责接收、饲喂和管理从后备猪舍或哺乳母猪舍转来的空怀母猪,饲喂和管理妊娠母猪,除精心饲喂和观察母猪体况、活动休息、采食排泄、病情、膘情外,还要负责观察母猪发情,负责或辅助配种人员视母猪体况及时进行本交或人工授精配种。做好各项记录特别是配种记录,挂好母猪卡片,对猪舍内每头母猪都做到心中有数,妊娠达到105~107天时,即分娩前1周左右及时配合产仔舍人员进行母猪的转群(包括妊娠待产猪转出和断奶母猪转入)。对年老(4~5年龄及以上)体弱多病、残废或久配不孕(3次情期配不上)母猪可以建议尽快淘汰,降低无效养殖损失。有时还要负责或配合兽医对母猪进行防疫、治疗注射,对猪舍进行定期消毒和清洗、清除粪污、清除猪舍周边杂草、保持整洁等。

妊娠母猪舍饲养员的具体工作目标和操作规程如下。

(1)工作目标

①饲养管理好母猪,按计划完成每周配种任务,保证全年均衡生产。

②努力保证配种分娩率在85%以上。

③力保窝平均产健仔数在9.5头以上。

④做好保胎防流产工作。

(2)操作规程

①服从猪场的统一领导,遵守猪场的各项规章制度,听从管理人员的指挥,配合技术员的工作,不到其他猪舍串门。

②清扫猪舍。要求每日至少清扫猪圈2次,清扫1次过道上的残料、猪粪、垃圾。保证猪舍的排粪沟畅通,没有积粪。

③喂料。母猪每日饲喂2~3次,根据母猪的膘情调整投料量,参照表1-1,掌握好每次饲喂量,做到合理饲喂,总体掌握在七八成膘情,不要使猪过肥或过瘦,同时要注意减少饲料浪费。

④消毒要求。栏舍及其周围环境平时每周消毒1次,受疫情威胁时2~3天消毒1次,发生疫情时每日消毒1次。门口的消毒池要每周更换1次,要保持消毒药的有效浓度。

表1-1　妊娠期各阶段母猪饲喂量

妊娠阶段	喂料量(千克/日·头)
妊娠前期(0~35天)	1.8~2.0
妊娠中期(36~75天)	2.0~2.5
妊娠中期(76~95天)	2.5~3.0
妊娠后期(96~114天)	3.0~3.5

⑤发现并报告病情。要求每日注意观察母猪的采食情况、精神状态、呼吸情况、排便情况和活动情况,及时发现病猪和发情母猪并上报给兽医或配种员。观察母猪发情是妊娠舍饲养员的一项非常重要的工作,要认真做好后备母猪和断奶母猪的发情观察,观察配种后母猪的返情情况并配合技术员做好妊娠检测,对不发情的母猪在技术人员指导下采取治疗措施。对母猪群提出合理更新淘汰建议。

⑥认真、仔细填好母猪卡片并悬挂好,便于自查或技术员检查记录,也便于管理,同时再做一份同样的记录,防止卡片不慎丢失造成不便。卡片上要特别记录好配种时间和预产期,据此按时做好母猪的转栏工作。做好母猪从配种妊娠舍到产房、产房到配种妊娠舍的转栏工作,一般周三或周五进行转栏。

⑦协助兽医和配种员工作。要求兽医给种猪打疫苗、治疗疾病时配合兽医工作,在配种时也要配合配种员的工作。

⑧母猪转栏后及时清洗栏舍并消毒,以备下批猪的进入。

⑨每周根据所管理的猪数和猪群情况、饲料剩余情况,结合天气和季节,核算饲料需求量,并填报计划报表,不要使库存过大。做好管理,不能使饲料发霉。

⑩负责妊娠母猪舍周围的空地和道路的清洁工作(清除杂物、杂草等)。

2. 产房哺乳母猪饲养员工作职责　主要负责接收、饲喂和管理从妊娠母猪舍转来的妊娠待产母猪、生产母猪、哺乳母猪和哺乳仔猪,协助做好断奶后母猪转栏、仔猪转群,特别是精细饲喂哺乳母猪和仔猪,认真做好母猪接产工作,注重仔猪的保温,及时进行教槽料补饲,防治仔猪病变,努力减少死亡。做好产仔等记录,搞好母猪、仔猪交接工作,注意交接细节,包括母猪、仔猪卡片的随时登记和交接签字。按照程序负责或配合兽医进行药物和疫苗注射,接收妊娠后期的母猪和及时断奶,把母猪转到妊娠母猪舍,仔猪则当日或1周后转到仔猪保育舍,对猪舍进行定期消毒和清洗、清除粪污等。要进行初生仔猪和断奶仔猪的称重和采食记录。对准备育肥的仔猪配合兽医进行去势(需要说明的是去势工作有的在保育舍,有的在产房哺乳期间进行)。

产房饲养员具体工作目标和操作规程如下。

(1)工作目标

①管理好母猪和仔猪,按计划完成母猪分娩产仔任务,特别是要搞好接产工作。

②哺乳期仔猪健仔成活率在96%以上。

③努力使仔猪28日龄断奶平均体重在7千克以上。

(2)操作规程

①服从猪场的统一领导,遵守猪场的各项规章制度,听从管理人员的指挥,配合技术员的工作,不随意到其他猪舍串门。

②清扫猪舍。要求每日至少清扫猪圈2次,产床上的母猪粪随时清除。每日清扫1次过道上的残料、猪粪、垃圾,保持产房空气新鲜。保证猪舍的排粪沟畅通,没有积粪。

③喂料。每周根据所管理的猪数和猪群情况、饲料剩余情况,结合天气和季节,核算饲料需求量,并填报计划报表,不要库存过大。做好管理,不能使饲料发霉。注意仔猪教槽料,因其价格高、营养含量也高,易受污染或发霉变质,更应妥善保管、使用,当日领当天开包并基本用完。哺乳母猪每日饲喂3次(早晨7:00,

中午 11:30,下午 4:00),若上顿有剩料,喂料前须清理干净。新生仔猪要在 7 日龄开始补料,补料时要勤添少喂,保持补料的新鲜;防止小猪粪尿污染补料,如果被污染要及时清洗料槽和更换新鲜的饲料,断奶仔猪每日饲喂 5~6 次,尽量减少饲料浪费。

④接产。注意观察临产母猪的行为,出现分娩征兆时,要做好充分的接产准备,包括对母猪外阴和乳房擦洗消毒、准备接产用的所有工具;准备好 5% 碘酊或 0.1% 高锰酸钾水、抗生素、缩宫素、毛巾或抹布、剪刀、保温灯等药品和工具。分娩前用 0.1% 高锰酸钾消毒药水清洗母猪的外阴和乳房。母猪分娩时要有专人看管,仔猪出生后立即将其口、鼻黏液清除、擦净,然后结扎脐带,注意尽量把脐带内的脐血用手捋到仔猪端,然后拧一下,拧断最好,拧不断的再行剪断、断端消毒,剪犬齿,喂服抗生素,放入 32℃~34℃ 的保温箱中。尽早让仔猪吃上初乳,固定乳头,尽量让弱小的仔猪吃前面乳汁较好的奶头,较大的仔猪固定到后面乳汁较差的奶头,以提高猪群的均匀度。

⑤消毒。要求产房及其周围环境平时每周消毒 1 次,受疫情威胁时 2~3 天消毒 1 次,发生疫情时每日消毒 1 次。门口的消毒池要每周更换 1 次,要保持消毒药的有效浓度。

⑥发现并报告病情。要求每日注意观察母猪和仔猪的采食情况、精神状态、活动情况,发现异常情况及时上报给兽医,配合兽医做好疾病的防治工作。

⑦协助兽医工作。在兽医给仔猪打疫苗、治疗疾病、去势时抓小猪以配合兽医工作。

⑧做好母猪调栏和仔猪转栏的工作,同时做好分娩和出栏记录,母猪卡片要随着母猪一起转移,仔猪卡片随着仔猪转到保育舍。为便于统筹安排,转栏一般可以固定在周四进行。

⑨母猪、仔猪转栏后及时全面彻底清洗栏舍并消毒,以备下批猪的进入。

⑩根据季节、气候的变化,随时调节舍内的小气候,如适时开、关门窗,定时启动通风装置。在舍温低于16℃的寒冷季节,要设法保温、增温,7日龄以内的仔猪保育箱内的温度为32℃~34℃。当舍内空气污浊、有害气体超标时,要加强通风换气。

⑪负责产房周围的空地和道路的清洁工作(清除杂物、杂草等工作)。

3. 保育舍饲养员工作职责 主要负责配合哺乳母猪舍饲养员接收、饲喂和管理从哺乳母猪舍转来的断奶仔猪,重视仔猪的保温,观察猪的精神状态、走路姿势、体温、采食、粪尿排泄、呼吸情况,及时发现异常及时采取措施,饲喂时注意少喂勤添,1月龄左右时配合后备舍或肥猪舍饲养员转出仔猪,有时还要进行仔猪的称量和记录,包括记录采食和死亡、发病情况,做好卡片,记录初重、末重、阶段重量、采食量、发病死亡情况。按照程序负责或配合兽医进行药物和疫苗注射,对猪舍进行清空或定期消毒、清洗,清除粪污等。

保育舍饲养员的具体工作目标和操作规程如下。

(1)工作目标

①管理好断奶仔猪,使保育舍仔猪成活率在97%以上。

②努力使仔猪56日龄平均体重在18千克以上。

(2)操作规程

①服从猪场的统一领导,遵守猪场的各项规章制度,听从管理人员的指挥,配合技术员的工作,不随意到其他猪舍串门。

②清扫猪舍。要求每日至少清扫猪圈2次,清扫1次过道上的残料、猪粪、垃圾。做好猪舍的排粪沟畅通,没有积粪。

③每周根据所管理的猪数和猪群情况、饲料剩余情况,结合天气与季节,核算饲料需求量,并填报计划报表,不要使库存过大。做好管理,不能使饲料发霉。注意仔猪料易受污染或发霉变质,更应妥善保管使用,当日领当天开包并基本用完。喂料注意仔猪饲

料与保育猪饲料的过渡，分阶段饲喂仔猪料，每日饲喂 4~6 次。喂料要求少喂勤添，做到不断料，尽量做到不浪费饲料。

④消毒要求。栏舍及其周围环境平时每周消毒 1 次，受疫情威胁时 2~3 天消毒 1 次，发生疫情时每日消毒 1 次。门口的消毒池要每周更换 1 次，消毒药要保持有效浓度。

⑤每日注意观察仔猪的健康状况，包括精神、食欲、粪便、呼吸等变化，发现病弱仔猪，做好标记，要及时隔离分群饲养，以便特别护理，同时报告兽医。

⑥做好仔猪转栏工作，卡片记录随着仔猪转移，进、出保育舍时都必须参与。保育舍进猪时，仔猪转入后按个体大小分群饲养。分群合群时，为了减少相互咬架而产生应激，合并后饲养人员要多加观察。可以周三转出较大仔猪，周四转入断奶仔猪。

⑦协助兽医工作。要求在兽医给仔猪打疫苗、治疗疾病时抓小猪以配合兽医工作。

⑧仔猪转栏后及时清洗栏舍并消毒，以备下批猪的进入。

⑨根据季节、气候的变化，随时调节舍内的小气候，如适时开、关门窗、湿帘，定时启动通风装置；在舍温低于 16℃ 的寒冷季节，要设法保温、增温（装保温灯、保温箱、生火炉等工作）；当舍内空气污浊、有害气体超标时，要加强通风换气。

⑩负责保育舍周围的空地和道路的清洁工作（清除杂物、杂草等工作）。

4. 后备舍和生长育肥舍猪饲养员工作职责 负责进行猪场后备猪和育肥猪的饲养和管理，配合仔猪保育舍转入仔猪，配合技术员进行后备猪的选留转栏和记录，有时配合销售各体重段的种猪，达到上市体重时及时配合销售人员销售肥猪，做好卡片，记录初重、销售转出时末重、阶段重量、采食量、发病死亡情况。按照程序负责或配合兽医进行药物和疫苗注射，对猪舍进行清空或定期消毒、清洗，清除粪污等。

生长育肥舍饲养员具体工作目标和操作规程如下。

（1）工作目标

①饲喂好猪只，努力使育成阶段成活率≥98％。

②饲料转化率，15～90千克阶段≤2.7∶1。

③日增重，15～90千克阶段≥650千克。

④保证后备母猪合格率在90％以上（转入基础群为准）。

⑤生长育肥阶段，15～95千克阶段，饲养日龄≤119天，全期饲养日龄≤168天。

（2）操作规程

①转入猪前，空栏要彻底冲洗消毒，空栏时间不少于3天。

②及时调整猪群，强弱、大小、公母分群，保持合理密度，病猪及时隔离饲养。不作留种用的猪特别是公猪要及时配合兽医进行去势，伤口进行碘酊处理，并撒少量青霉素防止术后感染和肿胀，加速伤口愈合。

③每周根据所管理的猪数和猪群情况、饲料剩余情况，结合天气与季节，核算饲料需要量，并填报计划报表，不要使库存过大。做好管理，不能使饲料发霉。以每餐不剩料或少剩料为原则，同时减少饲料浪费。按阶段饲喂饲料，饲料分成中猪料、大猪料，根据猪的体重和栏圈内猪的数量，计算好每日总量，每日分3次加料或饲喂。

④每日注意观察仔猪的健康状况，包括精神、食欲、粪便、呼吸等变化，发现病弱仔猪，做好标记，要及时报告、治疗或隔离分群饲养，以便特别护理，迅速治愈。根据防疫计划，配合兽医进行免疫注射和疾病治疗。

⑤清扫猪舍。保持圈舍卫生，加强猪群调教，训练猪群吃料、睡觉、排便"三定位"。干粪便要用车运送到化粪池。做好猪舍的排粪沟畅通，没有积粪。

⑥按季节温度的变化，调整好通风、降温设备，每日检查饮水

器,做好防暑降温等工作。

⑦做好肥猪的转栏工作,做好卡片记录。分群、合群时,为了减少相互咬架而产生应激,合并后饲养人员要多加观察(此条也适合于其他猪群)。

⑧消毒。每周消毒1次,门口消毒池的消毒药每周更换1次,要保持消毒药的有效浓度。

⑨做好转群工作,肥猪舍进猪、出售时必须参加。

⑩负责肥猪舍周围的空地和道路的清洁工作(清除杂物、杂草等工作)。

5. 公猪舍饲养员工作职责　负责饲喂和管理公猪,有时配合配种员进行配种和采精、训练公猪爬跨能力。按照程序负责或配合兽医进行药物和疫苗注射,对猪舍进行清空或定期消毒、清洗、清除粪污等。做好各项记录,做好种猪卡片。

公猪舍饲养员的具体工作目标和操作规程如下。

(1)工作目标

①按计划完成每周配种任务,保证全年均衡生产。

②保证公猪具有良好的体况,满足配种的需求。注意促进公猪多运动,增强体质。

③提供公猪所需的营养,使精液品质最佳、数量更多。

(2)操作规程

①服从猪场的统一领导,遵守猪场的各项规章制度,听从管理人员的指挥,配合技术员的工作,不随意到其他猪舍串门。

②清扫猪舍。要求每日至少清扫猪圈2次,清扫1次过道上的残料、猪粪、垃圾。做好猪舍的排粪沟畅通,没有积粪。

③每周根据所管理的猪数和猪群情况、饲料剩余情况,结合天气与季节,核算饲料需要量,并填报计划报表,不要使库存过大。做好管理,不能使饲料发霉。公猪日喂料2~3次,每头每日喂2.5~3千克,每餐不要喂得过饱,以免猪饱食贪睡,不愿运动造成

过肥。根据公猪的膘情调整投料量。

④消毒要求。栏舍及其周围环境平时每周消毒1次,受疫情威胁时2~3天消毒1次,发生疫情时每日消毒1次。门口的消毒池要每周更换1次,消毒药要保持有效浓度。

⑤发现并报告病情。要求每日注意观察公猪的采食情况、精神状态、活动情况,及时发现病猪和发情母猪并上报给兽医和配种员。

⑥母猪转栏后及时清洗栏舍并消毒,以备下批猪的进入。

⑦按季节、温度的变化,调整好通风、降温设备,经常检查饮水器,做好防暑降温等工作。尤其注意防止公猪热应激,做好防暑降温工作。每日驱赶公猪运动1小时以上,增进体质。

⑧负责公猪舍周围的空地和道路的清洁工作(清除杂物、杂草等工作)。

6. **配种员的工作职责** 配种员主要进行母猪的配种工作,掌握妊娠母猪的情况,对妊娠母猪中每日有多少猪需要配种、可能发情等做到心中有数,与妊娠饲养员积极配合,做好有关记录;对公猪配种能力和系谱牢记在心,定期检测公猪精液品质。配种能力低下的公猪及时提出淘汰意见。有些猪场配种员还可能兼公猪饲养员。

(1)**工作目标**

①搞好配种工作,按计划完成每周配种任务,保证全年均衡生产。

②努力保证配种分娩率在85%以上。

③努力保证窝平均产活仔数在8~10头以上。

④努力保证后备母猪合格率在90%以上(转入基础群为准)。

(2)**操作规程**

①服从猪场的统一领导,遵守猪场的各项规章制度,听从管理人员的指挥,配合技术员的工作,不随意到其他猪舍串门。

②负责配种工作,保证生产线按生产流程运转;做好各类用具、用品的计划,如输精器具、稀释液、一次性手套等,每月上报后领取,注意节约使用各类耗材。

③负责种猪的转群、调整工作,尤其保证公猪正常使用,根据生产要求,提出合理的公猪更新淘汰计划。

④负责监督和实施配种妊娠舍的卫生和消毒工作。

⑤与妊娠舍饲养员配合,做好母猪的发情观察与鉴定。发情鉴定最佳时间是当母猪喂料后半小时表现平静时进行,每日进行2次,上、下午各1次,要求仔细观察,并认真询问和听取妊娠舍饲养员的观察情况和意见,不能走马观花,马虎了事。发情鉴定采用人工查情与公猪试情相结合的方法。配种员所有工作时间的1/3应放在母猪发情鉴定上。母猪的发情表现为外阴红肿,阴道内有黏液性分泌物;在圈内来回走动,频频排尿;神经质、食欲差;压背静立不动;互相爬跨,接受公猪爬跨,走到公猪附近不愿走动。也有发情表现不明显的。发情检查最有效的方法是每日用试情公猪对待配母猪进行试情。

⑥配种。配种程序:先配种断奶母猪和返情母猪,然后根据满负荷配种计划有选择地配后备母猪,必须保证把发情可以配种的母猪配完,不得遗漏。配种间隔:断奶后1周内正常发情的经产母猪上午发情,下午配第一次,次日上、下午配第二或第三次;下午发情,次日早上配第一次,下午配第二次,第三日早上配第三次。断奶后发情较迟的(7天以上)及复发情的经产母猪、初产后备母猪,要早配(发情即配第一次),并应至少配3次。

⑦调教公猪。后备公猪达8月龄,体重达120千克,膘情良好即可进行调教。将后备公猪放在配种能力较强的老公猪附近隔栏观摩、学习配种方法。用发情好、性格温顺的母猪训练公猪爬跨。

⑧采精。按照人工配种的技术规定,做好精液使用和采集计划,合理选择公猪进行采精。

⑨精液品质检查。每次采精后,都要进行精液品质的检查,把好精液的质量关。

⑩负责或检点母猪配种后的妊娠早期检测和返情观察,保管使用好母猪妊娠测定仪器。

7. **其他饲养人员工作职责**　包括消毒、除粪人员、饲料供应人员等,按照各自职责完成工作。猪场饲养人员实在不够用时,这些人员有时可能到饲养舍顶班。消毒、除粪人员进行猪舍清洗、除粪污、定期消毒工作;饲料供应人员主要根据需要和规程进行各类猪的饲料供应和运输,做好记录,准确掌握饲料需求和供应,做好饲料需求登记和上报工作,搞好饲料供应,使生产正常进行。一些猪场还有饲料生产人员,因为饲料生产与管理涉及更多复杂技术和知识,属于饲料生产技术的内容,这里不做赘述。

各个岗位的饲养员都有主要的工作,在完成自己本职工作的同时,还要进行协调和配合,搞好各猪舍的工作衔接,注意相互和谐相处,不得斤斤计较,特别是不能搞对立情绪,要互相忍让、互相谅解,这一点非常重要,使猪场生产流程有条不紊,顺利运转。

二、饲养员上岗条件

猪场饲养员是猪场的主要基层生产人员,位于生产第一线,其工作好坏直接影响猪场的生产和效益。猪场饲养员必须具备以下基本的要求。

①年龄20~50周岁,身体健康,热爱生活,遵纪守法,思想认识明确,爱岗敬业,工作积极。要热爱养猪事业,有爱心,不虐待动物,踏实肯干,不怕脏和累。头脑灵活,不使奸偷懒。

②具有团队意识,善于与人相处,性格不孤僻,不与别人在小事上斤斤计较,品格好。

③有一定的文化知识,对待工作认真负责,听从安排,有一定

的养猪经验。小型猪场饲养员要求至少初中或高中毕业,规模化猪场特别是一些种猪场要求有相关专业中专或大专以上学历。能够迅速领会和掌握养猪基本常识,领会技术员的安排和意图,能做好各项记录,仔细观察猪群的变化,有时还要求把每日的记录录入电子计算机,需要较熟练地使用电子计算机。

④爱学习,喜欢学习科学养猪知识,遵守饲养管理技术操作规程和工作日程,努力完成各项任务指标。必须进行一定时间的岗前培训。

⑤喜欢干净,爱清洁。饲养员的工作很多,干的活虽然较脏,但是一个养猪场的饲养员团队首先是一个清洁队,他们就是猪场环境卫生的维护者,猪舍清洁与否关系着养殖效益的好坏。如果他们的宿舍是脏乱差的,就是一个缺乏管理的团队;如果办公、生活区是脏乱差的,那么就是一个不合格的团队,因为自己的生活区卫生都搞不好,怎么能把猪舍及其环境卫生搞好。只有通过自己的双手,通过每日对猪舍内外仔细地清洁、整理,才能保证猪有一个良好的生活环境,从而产生出较大的利益。

第二章

猪饲养员须掌握的基础知识

作为猪场饲养员,有必要了解和掌握养猪的基本知识,知道猪的特点,才能采取适合的方式方法,去管理猪群、养好猪。

一、猪的生物学特性

猪是哺乳动物,猪的动物学分类:哺乳纲,偶蹄目,猪科,猪属,猪属中包括野猪和家猪品种。猪在驯养后进化过程中,一直朝着肉用家畜的方向发展。

(一)猪的特点

猪一般有以下特点:

1. **性成熟早,繁殖力强,多胎高产,世代间隔短,周转快**

母猪一般在出生后 3~5 月龄就达性成熟,6~8 月龄便可初次配种,投产繁殖的时间短。母猪的妊娠期平均为 114 天,加上仔猪哺乳期 28~35 天,断奶后母猪再发情配种 4~10 天,整个繁殖期为 150 天左右。由此推算,1 头母猪 1 年至少可以产仔 2.2 窝。猪又属多胎高产动物,一年四季都可以发情配种,每胎产仔 6~13 头,一年两胎就可产仔 12~26 头。如果后备母猪 6~8 月龄配种,则

10～12月龄产仔,当年留种当年即可产仔,世代间隔很短。

2. **生长迅速,饲料报酬高** 猪的生长发育速度很快,一般60日龄体重约为初生重的8～9倍。8～10月龄体重即可达到成年猪体重的50%左右,早熟育肥猪6月龄体重可达90～100千克。猪不但增重快,而且对饲料转换成猪肉的效能强,饲料报酬高。每增重1千克体重,一般只需要2.4～3.2千克饲料。

3. **屠宰率高,肉脂品质好** 猪的屠宰率因品种、体重、膘情不同而有差别,一般可达到65%～80%。猪的骨骼细,因而可供食用的肉食部分比例大,猪肉含水分少,脂肪和蛋白质含量都很高,矿物质、维生素的含量也丰富,因而猪肉的品质优良,风味可口。

4. **猪食性杂,饲料来源广泛** 猪属单胃杂食动物,可食饲料的范围很广,对饲料的消化能力很强,既能食用植物性饲料,又能食用动物性饲料,因而可供饲喂的饲料种类多、来源广泛。但猪也有较强的择食性,能够辨别口味,特别喜爱甜食,仔猪对乳香味也颇有兴趣。

5. **适应性强、分布广** 猪是世界上分布最广、数量最多的家畜之一,对各种自然地理环境、气候等条件均有较强的适应能力。猪对环境条件的广泛适应性与其丰富多样的品种和种群资源有着密切的关系。对于不同的气候条件、饲料条件和饲养管理条件,几乎都能找到与之相适应的品种或类型。

(二)猪的生活习性

1. **适应性强,地理分布广泛** 猪对自然地理、气候等条件的适应性强,是世界上分布最广、数量最多的家畜之一,除因宗教和社会习俗原因而禁止养猪的地区外,凡是有人类生存的地方都可养猪。从生态学适应性看,主要表现为对气候寒暑的适应、对饲料多样性的适应、对饲养方法(自由采食和限喂)和方式(舍饲与放牧)上的适应,这些是它们饲养广泛的主要原因之一。但是猪如果遇到极端的变动环境和极恶劣的条件,猪体会出现新的应激反应;如果抗衡不了这种应激,动态平衡就遭到破坏,生长发育受阻,生理功能出现异常,严重时就会出现病患和死亡。

2. **对温度变化敏感** 热调节行为:成年猪一方面汗腺退化,皮下脂肪层厚,散热难;另一方面被毛少,表皮层较薄,对光化性照射的防护力差。成年猪的适宜温度为 20℃~23℃。仔猪的适宜温度为 30℃~32℃。当环境温度不适宜时,猪表现出热调节行为,以适应环境温度。猪是相对不耐热的动物,当环境温度过高时,猪会自觉在粪尿或湿处用鼻子拱,为了有利于散热,躺卧时四肢张开,充分伸展躯体,呼吸加快或张口喘气,找泥泞或水池打滚以散热。猪对 35℃、相对湿度 65% 的环境不能长期耐受;当温度达到 40℃,不管湿度多大,猪都会忍受不了。当温度过低时,猪则蜷缩身体,最小限度地暴露体表,所以表现怕冷怕潮湿。站立时表现夹尾、拱背、四肢紧收,采食时也表现为紧凑姿势。

3. **猪定居漫游,群体位次明显,爱好清洁** 猪具有合群性,习惯于成群活动、居住和睡卧(群居行为)。结对是一种突出的交往活动,群体内个体间表现出身体接触和保持听觉的信息传递,彼此能和睦相处。但也有竞争习性,大欺小、强欺弱;群体越大,这种现象越明显。争斗行为包括进攻、防御、躲避和守势的活动。生产中见到的争斗行为主要是为争夺群体内等级、争夺地盘和争食。猪不在吃、睡地方排泄粪尿,喜欢在墙角、潮湿、荫蔽、有粪便气味处排泄,比较爱清洁,可以利用群体易化作用调教仔猪学吃饲料和定点排泄。

4. **嗅觉和听觉灵敏,视觉不发达** 猪被认为是最聪明的家畜,胜过马和狗。

猪喜探究,探究行为包括探查活动和体检行为。猪的一般活动大部分来源于探究行为,大多数是朝向地面上的物体,通过看、听、闻、啃、拱等行为进行探究,通过探究以获得对环境的认识和适应。

(1) **嗅觉** 猪的鼻子嗅区广阔,嗅黏膜的绒毛面积很大,分布在嗅区的嗅神经非常密集。因此,猪的嗅觉非常灵敏,对任何气味都能嗅到和辨别。据测定,猪对气味的识别能力高于狗数倍,比人高 7~8 倍。仔猪在出生后几小时便能鉴别气味,依靠嗅觉寻找乳头,在 3 天内就能固定乳头,在任何情况下都不会弄错。因此,在生产中按强弱固定乳头或寄养时在 3 天内进行较为顺利。猪依靠嗅觉能有效地寻找埋藏在地下很深的食物,能准确地排查出地下一切异物。凭着灵敏的嗅觉,识别群内的个体、自己的圈舍和卧位,保持群体之间、母仔之间的密切联系;对混入本群的它群个体和仔猪能很快认出,并加以驱赶,甚至咬伤或咬死。在公、母猪性联系中也起很大作用。例如,在发情母猪闻到公猪特有的气味时,即使公猪不在场,也会表现"呆立"反应。同样,公猪能敏锐闻到发情母猪的气味,即使距离很远也能准确地辨别出母猪所在的方位。

(2) **听觉** 猪的听觉相当发达,猪的耳形大,外耳腔深而广,即使很微弱的声响,也能敏锐地觉察到。另外,猪头转动灵活,可以迅速判断声源方向,能辨声音的强度、音调和节律,容易对呼名、各种口令和声音刺激物的调教,很快建立条件反射。仔猪出生后几小时,就对声音有反应,到 3~4 月龄时就能很快地辨别出不同声音刺激物。猪对意外声响特别敏感,尤其是与吃喝有关的声响更为敏感,当它听到喂猪铁桶用具的声响时,立即起而望食,并发出饥饿叫声。在现代化养猪场,为了避免由于喂料音响所引起的猪群骚动,常采取一次全群同时给料装置。猪对危险信息特别警觉,即使睡眠,一旦有意外响声,就立即苏醒,站立警备。因此,为了保持猪群安静,尽量避免突然的声响,尤其不要轻易抓捕小猪,以免影响其生长发育。

(3) **视觉** 猪的视觉很弱,缺乏精确的辨别能力,视距、视野范围小,不靠近物体就看不见东西。对光刺激一般比声刺激出现条件反射慢得多,对光的强弱和物体形态的分辨能力弱,辨色能力也差。人们常利用猪这一特点,用假台猪进行公猪采精训练。

猪对痛觉刺激特别容易形成条件反射,可适当用于调教。

(三)猪的采食习性和繁殖、生长

1. 杂食,食性广,饲料转化率高 猪属单胃动物,门齿、犬齿和白齿都很发达,其胃是肉食动物的简单胃与反刍动物的复杂胃之间的中间类型。具有杂食性,既能吃植物性饲料,又能吃动物性饲料。"猪吃百科草,只要你去找"。猪吃的饲料很广泛,除了有毒、有苦酸味、发霉变质的饲料不能吃外,几乎所有的饲料都吃,特别喜爱甜食。

猪的贲门腺占胃的大部分。猪幽门腺比其他动物宽大。猪胆囊浓缩能力很低,且肝胆汁的量也相当少。

猪的采食量大,但很少过饱,消化道长,消化极快,能消化大量的饲料,以满足其迅速生长发育的营养需要,所以喂猪时必须喂得饱。猪对精饲料有机物的消化率为76.7%,也能较好地消化青粗饲料,对青草和优质干草的有机物消化率分别达到64.6%和51.2%。猪虽耐粗饲,但是对粗饲料中粗纤维的消化较差,而且饲料中粗纤维含量越高对日粮的消化率也就越低。因为猪胃内没有分解粗纤维的微生物,所以几乎全靠大肠内微生物分解;既不如反刍家畜牛、羊的瘤胃,也不如马、驴发达的盲肠。所以,在猪的饲养中,应注意精、粗饲料的适当比例,控制粗纤维在日粮中所占的比例,保证日粮的全价性和易消化性。当然,猪对粗纤维的消化能力随品种和年龄不同而有差异,我国地方猪种较国外培育品种具有较好的耐粗饲特性。

猪对饲料的转化效率仅次于鸡,而高于牛、羊,对饲料中的能量和蛋白质利用率高。按采食的能量和蛋白质所产生的可食蛋白质比较，猪仅次于鸡，而大大超过牛和羊。从这个意义上说，猪是当之无愧的节能型肉畜。

采食行为：猪的采食行为的突出特征是，喂食时，猪都力图占据食槽的有利位置，有时将前肢踏入食槽，因此食槽应注意加设拦挡。猪自由采食，白天6~8次，夜间4~6次，每次10~20分钟。猪采食具有竞争性，群饲较单饲猪吃得快、吃得多、增重快，猪的采食量随体重的增长而增加，生长猪的采食量一般为体重的3.5%~4.5%。

吃干料的小猪每昼夜饮水9~10次，吃湿料的平均饮水2~3次；吃干料的每次采食后立即饮水，任意采食的猪通常采食与饮水交替进行；限饲时，猪则吃完所有料后才饮水。

排泄行为：猪表现一定的粪尿排泄规律。生长猪在采食中一般不排粪，饱食后约5分钟开始排泄一两次，多为先排粪后排尿；喂料前易排泄，多为先排尿后排粪；在两次喂食的间隔里只排尿，很少排粪；夜间一般进行两三次排粪；猪还习惯在睡觉刚起来饮水或起卧时排泄。当猪圈过小、猪群密度过大、环境温度过低时其排泄习性容易受到干扰而被破坏。

猪的行为训练：猪的行为，有的生来就有，如采食、哺乳、性行为等，这种生来就有的先天性行为称之为无条件反射行为；猪具有学习和记忆的能力，通过学习或训练，可以形成一些新的行为，如学会做某些事物和听从人们的指挥行为等，这些后天形成的行为称为条件反射行为或后效行为。

猪对吃喝的记忆力很强，对与吃喝有关的时间、声音、气味、食槽方位等很容易建立起条件反射。根据这些特点，可以制定相应的饲养管理制度，并进行合理的行为调教与训练，如每日定时饲喂，训练猪只采食、睡卧、排泄三角定位等。

2. 生长迅速，周转快　猪的生长发育很快，6月龄体重平均在80千克左右即可出栏提供肉食。一般每增重1千克需2.8~4

千克精饲料。

在肉用家畜中，猪和马、牛、羊相比，无论是胚胎期还是生后生长期都是最短的。由于猪胚胎期短，同胎仔猪数多，仔猪出生时发育不充分。例如，头的比例大，四肢不健壮，初生体重小（平均只有 1~1.5 千克），仅占成猪体重的 1%，各器官系统发育也不完善，对外界环境的适应能力弱。所以，对初生仔猪需要精心护理。

猪的胎盘类型属上皮绒毛膜型，没有母源抗体（不能通过胎盘屏障）。灵长目动物中，IgG 易通过胎盘屏障，IgM、IgA 和 IgE 则不能（IgG、IgM、IgA 和 IgE 都是动物免疫球蛋白的缩写）。家兔 IgG 和 IgM 容易通过胎盘。猪初乳中含较多的 IgG、IgA 和 IgM，常乳中含有多量的 IgA。所以，初乳对仔猪免疫非常重要。

猪出生后为了补偿胚胎期内发育不足，出生后 2 个月内生长发育特别快，30 日龄的体重为初生重的 5~6 倍，2 月龄体重为 1 月龄的 2~3 倍，断奶后至 8 月龄前，生长仍很迅速，尤其是瘦肉型猪生长发育快，是其突出的特性。在满足其营养需要的条件下，一般 160~170 日龄体重可达到 90~100 千克，即可出栏，相当于初生重的 90~100 倍。而牛和马只有 5~6 倍，可见猪比牛和马相对生长强度大 10~15 倍。生长期短、生长发育迅速、周转快等优越的生物学特性和经济学特点对养猪经营者降低成本、提高经济效益是十分有益的。所以，深受养猪生产者的欢迎。

肉猪的生长规律，正如俗话所说的"小猪（小架子）长骨，大猪（大架子）长肉，肥猪长油"。猪利用饲料变为脂肪的能力很强，是阉牛的 1.5 倍左右，所以便于育肥出栏。

3. 繁殖率高，世代间隔短

（1）繁殖率高

①性成熟早：猪一般 4~5 月龄达到性成熟，6~8 月龄就可以初次配种。妊娠期短，只有 114 天，1 岁时或更短的时间可以第一次产仔。据报道，我国优良地方猪种，公猪 3 月龄开始产生精子，

母猪开始发情排卵,比国外品种早 3 个月,太湖猪 7 月龄就有分娩的。

②常年发情:1 年能分娩 2 胎,若缩短哺乳期,对母猪进行激素处理,理论上可以达到两年五胎或一年三胎。

③多胎高产:母猪一般年产两胎,每胎产仔 10 头左右,一年可生产仔猪 20 头左右,比牛、马、羊的繁殖力都强。我国太湖猪的产仔数高于其他地方猪种和外国猪种,窝产活仔数平均超过 14 头,个别高产母猪一胎产仔超过 22 头,最高纪录窝产仔数达 42 头。

在生产实践中,猪的实际繁殖效率并不算高,母猪卵巢中存有卵原细胞 11 万个,但在它一生的繁殖利用年限内只排卵 400 个左右。母猪一个发情周期内可排卵 12~20 个,而产仔只有 8~10 头;公猪一次射精量为 200~400 毫升,含精子数 200 亿~800 亿个。可见,猪的繁殖效率潜力很大。试验证明,通过外激素处理,可使母猪在一个发情期内排卵 30~40 个,个别的可达 80 个。产仔数个别高产母猪一胎也可达 15 头以上。这就说明,只要我们采取适当的繁殖措施,改善营养和饲养管理条件,以及采用先进的选育方法,进一步提高猪的繁殖效率是可能的。

(2)性行为与母性行为 性行为包括分娩发情、求偶和交配等行为。它不仅具有重要的生物学意义,还具有很大的经济价值。母性行为包括分娩前后母猪的一系列行为,如做窝、哺乳及其他抚育仔猪的活动。地方优良猪种母性好,护仔性强。

4. **屠宰率高,肉脂品质好** 猪的屠宰率因品种、体重、膘情不同而有差别,一般达到 65%~80%。相应的,牛仅为 50%~55%,羊为 45%。

(四)与生产有关的一些数字、指标

1. **仔猪** 初生重 0.5~1.5 千克;28 天断奶体重 5~8 千克,可达初生重的 5~6 倍;2 月龄体重 15~20 千克,为 1 月龄体重的 2~

3倍;5~7日龄开始补料(高级教槽料),每日5~6次;每头占地0.3~0.4米²;28~35日龄去势为宜;初生仔猪温度要求30℃~33℃,断奶前仔猪温度要求26℃~30℃,断奶后温度要求23℃~26℃。

2. 中大猪 6月龄体重可达90~100千克,后备猪8~10月龄体重120~140千克时可以进行交配,此时体重为成年体重的40%,体长达到成年的70%~80%。日增重:25~60千克阶段为200~500克/日,60~100千克体重阶段为600~1200克/日。肥猪屠宰率60%~80%;瘦肉率,国内品种为45%~55%,国外品种为60%~65%。20~60千克阶段,每头占地0.5~0.8米²,60千克以上每头占地0.8~1.2米²,每群以8~15头为宜。适温:20℃~23℃(15℃~28℃)。

3. 母猪 性成熟:3~5月龄,国内地方土种猪,如小香猪、藏猪较早;配种月龄,6~10月龄,国内品种早,国外品种晚些;成年体重50~400千克(小型、大型品种不一样);产仔数,一般6~15头,国内品种产仔数较多,如太湖猪系列的梅山猪,有时窝产仔20~35头;每年每头母猪可以提供断奶仔猪数(PSY)15~35头,PSY国内不如国外,特别是欧美较多,国内品种产仔虽多,但是由于饲料和猪舍条件、管理技术水平所限,一般PSY仅仅13~20头;母猪一般5~7岁时淘汰,可以生产8~15窝,产仔100~150头;乳头数6~8对;28~35天可以断奶,断奶后2~10天可见发情(3~6天多见),发情后24~36小时排卵,发情持续时间2~5天,观察到母猪发情后12小时后可以配种,重复配种可以显著提高受胎率;发情间隔21天,妊娠期112~118天(平均114天,可记忆火警电话"114"或记住"333",即3个月3周又3天);母猪每日泌乳量5~9千克;每日妊娠母猪饲喂料量2~3千克,哺乳期喂料量3~5千克,(在2~2.5千克基础上,每多带1头仔猪每日增加0.2千克饲料)。每头母猪占地1.5~2.5米²。

4.**公猪**　5~7 月龄性成熟;国内品种 6~8 月龄可以配种;国外品种 9~11 月龄,体重 110~120 千克可以配种或采精。一次射精量 150~400 毫升,平均 250 毫升,经专用稀释液稀释后可以配种 5 头以上,稀释后的精液可在 16℃~17℃ 保温箱中保存 3 天,具有较高的配种率。公猪最好不要连续配种或采精,每周 2~3 次为宜;利用年限 3~5 年。成年体重:小型品种配种体重 50~200 千克,大型品种配种体重 200~450 千克;每日喂料量 2.5~3 千克(中大型猪),粗蛋白质含量 14% 左右,消化能 12.54 兆焦/千克。本交时每头公猪可以负担 20 头母猪,人工授精时每头公猪可以负担 40~60 头母猪。每头占地 8~12 米^2,要有足够的运动场地。

成年猪、生长猪适宜温度 20℃~23℃,仔猪适宜温度 30℃~32℃,1~2 月龄猪适宜温度 25℃~30℃;极端温度(猪能耐受的温度)-15℃~35℃,生产中猪舍温度应当在 15℃~28℃。

二、猪的主要品种

我国是世界上猪种资源最丰富的国家之一。由于多样化的地理、生态、气候条件,众多的民族及不同的生活习惯,加之长期以来广大劳动者的驯养和精心选育,形成了我国丰富多彩的猪种资源。据 2004 年 1 月出版的《中国畜禽遗传资源状况》统计,我国已认定的猪品种有 99 个,其中地方品种 72 个,培育品种 19 个,引入品种 8 个,加上 2004 年以来审定的新品种和猪配套系 9 个,共计 108 个。在 72 个地方品种中,有 34 个是国家级畜禽遗传资源保护品种。

猪的分布很广,所以品种很多。按照猪的来源和交配方式不同,猪品种类型可以分为进口品种、国内品种、配套系、杂交品种等。

(一)进口品种

进口的猪品种,以来源不同可以分为某某系,如法系、美系、英系、加系、台系、丹系、瑞士系、澳系、比利时系等。我国引进的主要猪品种有长白猪、大约克夏猪(大白猪)、杜洛克猪、汉普夏猪,少量引进的猪品种有斯格猪、皮特兰猪等。长白猪、大白猪、杜洛克猪是当前世界主要当家品种,也是我国各地,特别是大型规模化猪场的主要养殖品种,具有优良的生长性能和产肉性能。

1. **大白猪(约克夏猪)** 原产英国北部约克郡及其临近地区。大白猪分大、中、小 3 型,小型猪已经淘汰,中约克夏猪亦称中白猪,大约克夏猪亦称大白猪,是肉用型猪,是世界著名瘦肉型品种。大白猪是国外饲养量最多的品种,也是我国引进最早、数量最多的猪种。由于大白猪体型大,繁殖能力强,饲料转化率和屠宰率高及适应性强,世界各养猪业发达的国家均有饲养,是世界上最著名、分布最广的主导瘦肉型猪种。由于大白猪在世界的分布广泛,各国根据各自的需要展开选育,在总体保留大白猪特点的同时,又各具一定特色。国内通常就称大的猪为××系大白猪,如英系大白猪、法系大白猪、瑞系大白猪、美系大白猪、加(加拿大)系大白猪等。国内一些人熟知的苏联大白猪就是前苏联利用大约克夏猪,经过长期的风土驯化选育的优秀猪种,在 20 世纪五、六十年代引入我国,曾对我国养猪业的发展起到非常积极的作用。近年从国外(主要是从加拿大,也包括其他国家)引进的大白猪中,有的种猪背肌及后躯肌肉非常发达,受到偏爱,国内有"双肌臀大白猪"的称呼。该种猪体格大,体型匀称,全身被毛白色,头颈较长,颜面微凹,耳薄大、稍向前直立,身腰长,背平直而稍呈弓形,腹平直,胸深广,肋开张,四肢高而强健,肌肉发达;有效乳头 6~7 对,成年母猪体重 230~350 千克,成年公猪体重 300~500 千克。

大约克夏猪增重速度快,省饲料,6 月龄体重可达 100 千克。

体重 90 千克时屠宰率为 71% ~ 73%，胴体瘦肉率为 60% ~ 65%。母猪性成熟较晚，一般 6 月龄达性成熟，10 月龄可开始配种。母猪发情周期为 20 ~ 23 天，发情持续期 3 ~ 4 天，初产母猪产仔数 9 头以上，经产母猪产仔数 12 头以上。由于大白猪体质健壮，适应性强，肉的品质好，繁殖性能也挺好，因此越来越受到养猪生产者的重视。大白猪不仅可以作为父本与我国培育猪种、地方猪种杂交，而且既可以作为父本，又可以作为母本与外国猪种杂交。纯种大白猪不仅生产性能优秀，当用来与其他几乎任何猪种杂交时，无论是作为父本还是母本，(如大长、长大)都有良好的性能表现，还可以用来作引进猪种的三元杂交的终端父本，也可以用来与地方猪杂交。纯种大白猪与纯种黑毛色地方猪杂交，由于一代杂交后代的毛色是白色而受到欢迎，在引进猪种中，大白猪被称为"万能猪种"。

2. **长白猪（兰德瑞斯猪）**　长白猪原产于丹麦，原名兰德瑞斯猪，是世界著名的瘦肉型猪种。主要优点是产仔数多，生长发育快，省饲料，胴体瘦肉率高等，但抗逆性差，对饲料营养要求较高。20 世纪 60 年代我国先后从法国、瑞典、英国、丹麦及加拿大等国引入。我国通常按照引种国别，分别将其冠名为××系长白猪，如丹系长白猪、法系长白猪、瑞系长白猪、美系长白猪、加系长白猪、台系长白猪等。生产中常用长白猪作为三元杂交(杜长大)猪的第一父本或第一母本。在现有的长白猪各系中，法系、新丹系的杂交后代生长速度快、饲料报酬高，比利时系后代体型较好，瘦肉率高。长白猪全身白色，耳长而向前倾，头和颈部较轻，背腰长、平直，后躯肌肉丰满，四肢较轻。乳头数 7 ~ 8 对。经产母猪产仔数可达 11.8 头，仔猪初生重可达 1.3 千克以上。在国外三元杂交中长白猪常作为第一父本或母本。该猪是世界上历史最悠久的优良猪种之一，许多国家的猪种改良都引入了该猪种血缘。猪成年体重，公猪可达 450 千克左右，母猪可达 350 千克左右。其优点是：

瘦肉率高、体型长、繁殖性能好,相对缺点是肢蹄不够坚实。但英系新品系长白猪肢蹄有所改善。在实际生产中常利用长白猪作祖代父本的较多。母猪初情期 170～200 日龄,适宜配种的日龄 230～250 天、体重 120 千克以上。母猪窝产仔数,初产 9 头以上,经产 10 头以上;21 日龄窝重,初产 40 千克以上,经产 45 千克以上。我国各地多用长白公猪与本地母猪或培育猪种杂交,取得较好效果。在良好的饲养条件下,生长发育迅速,6 月龄体重可达 90 千克以上。体重 90 千克时屠宰,屠宰率为 70%～78%,胴体瘦肉率为 55%～63%。母猪性成熟较晚,6 月龄达性成熟,10 月龄可开始配种,母猪发情周期为 21～23 天,发情持续期 2～3 天,60 日龄窝重 150 千克以上。达 100 千克体重日龄 180 天以下,饲料转化率在 2.8：1 以下。体重 100 千克屠宰时,屠宰率 72% 以上,背膘厚 18 毫米以下,眼肌面积 35 厘米^2 以上,腿臀比例 32% 以上,瘦肉率 62% 以上。肉质优良,无灰白、柔软、渗水、暗黑、干硬等劣质肉。

长白猪是在丹麦的饲养管理条件下培育的,在地理上属于北欧,气候条件与我国有明显差异。丹麦养猪生产的饲料资源条件、饲养技术条件、生产设备条件、市场需求(消费者意愿)方向等,都与我国具有明显差别。因此,我国的养猪人通常感到长白猪四肢不够粗壮,对饲养管理条件和设备条件等的要求较高,对不够精细的饲养管理条件不适应,比较"娇气"。但应该辨证地看长白猪,优秀的猪种就是需要较好的条件,不仅饲养长白猪,就是饲养其他优秀猪种,同样需要较好的条件。

3. **杜洛克猪**　原产于美国。全身棕红色,但深浅不一,有金黄色、深褐色,甚至黑色等都是纯种。外貌特征为头较小而清秀,耳中等大小、前倾,面微凹,体躯深广,背平直或略呈弓形,后躯发育好,腿部肌肉丰满,四肢较长,生活力强,容易饲养。主要特点是体质健壮、抗逆性强、生长速度快、饲料转化率高、胴体瘦肉率高、肉质较好。在现阶段规模化猪场多将其作为三元杂交猪(杜长大)终端父本或二元杂交猪父本。据某农场测定,成年公猪 8 头平均体重 254 千克,体长 158 厘米;成年母猪 23 头平均体重 300 千克,体长 157.9 厘米。杜洛克猪是生长发育最快的猪种,育肥猪 25~90 千克阶段日增重为 700~800 克,饲料转化率为 2.5~3.0:1;一般在 170 天以内就可以达到 90 千克体重。体重 90 千克屠宰时,屠宰率为 72% 以上,胴体瘦肉率达 61%~64%,肉质优良。在良好的饲养管理条件下,达 100 千克体重日龄为 160 天,平均日增重 945 克,饲料转化率为 2.3~2.8:1,瘦肉率为 68%,平均背膘厚低于 12 毫米。杜洛克初产母猪产仔 9 头左右,经产母猪产仔 10 头左右。仔猪初生窝重,初产 10.1 千克,二产为 11.2 千克,个体初生重为 1.3 千克。杜洛克母猪母性较强,育成率高。第一个发情周期平均为 21.2 天(17~19 天),第 1~5 个发情周期平均为 21.7 天(15~29 天)。平均妊娠期为 114.1 天。杜洛克猪具有体质结实、生长速度快、饲料转化率高、耐粗饲等优点,是一个极富生命力的品种。纯种杜洛克猪的繁殖性能相对较差,需要养殖者在繁殖管理方面多加注意,重点是发情鉴定和配种工作。

4. 汉普夏猪　产于美国的肯塔基州,是美国分布最广的猪种之一。优点是背最长肌和后躯肌肉发达,瘦肉率高。早期曾称为"薄皮猪",1904 年起改称今名。19 世纪 30 年代首先在美国肯塔基州建立基础群,20 世纪初叶普及到玉米产区带各州。现已成为美国三大瘦肉型品种之一。我国早在 1936 年引入,并与江北猪(淮猪)进行杂交试验。颜面长而挺直,耳直立,体侧平滑,腹部紧凑,后躯丰满,呈现良好的瘦肉型体况。被毛黑色,以颈肩部(包括前肢)有一白色环带为独特的毛色特征,有"银带猪"之称。成年公猪体重 315~410 千克,母猪体重 250~340 千克。90 千克时屠宰率 73.88%,胴体瘦肉率 60% 以上。由于汉普夏猪生长速度快,饲料报酬高,胴体品质好,繁殖性能低,因而在两品种杂交时宜作父本,在三品种杂交时适作第二父本。其性情活泼,稍有神经质,但并不构成严重缺点。产仔数较少,平均约 9 头,但仔猪硕壮而均匀,母性良好。据多品种杂交试验比较结果,用汉普夏猪为父本杂交的后代具有胴体长、背膘薄和眼肌面积大的优点。嘴较长而直且直立、中等大小,背腰平直、较长,肌肉发达,胴体品质好,生长性状一般。据 20 世纪 90 年代丹麦国家种猪测定站报道,汉普夏猪 30~100 千克阶段,育肥期平均日增重 845 克,饲料转化率 2.53∶1;我国杂交试验测定,汉普夏公猪与金华母猪杂交后代日增重 589 克,饲料转化率 3.69∶1。

5. 皮特兰猪 皮特兰猪原产于比利时的布拉帮特省,是由法国的贝叶杂交猪与英国的巴克夏猪进行回交,然后再与英国的大白猪杂交育成的。皮特兰猪是目前世界上胴体瘦肉率最高的猪种之一。体躯呈方形,体宽而短,骨细,四肢短,肌肉特别发达。皮特兰猪毛色呈灰白色并带有不规则的深黑色斑点,偶尔出现少量棕色毛。头部清秀,颜面平直,嘴大且直,双耳略微向前,耳中等大、前倾;体躯呈圆柱形,腹部平行于背部,肩部肌肉丰满,背直而宽大,体长 1.5~1.6 米。皮特兰猪应激反应严重,约有 50% 的猪有氟烷隐性基因。用纯种皮特兰猪作父本杂交后易出现灰白肉(PSE 肉),可用皮特兰猪与杜洛克猪或汉普夏猪杂交,杂交一代公猪再作杂交父本,这样既可提高瘦肉率,又可减少灰白肉的出现。

育肥性能:在较好的饲养条件下,皮特兰猪生长迅速,6 月龄体重可达 90~100 千克,日增重 750 克左右,饲料转化率为 2.5~2.6∶1,屠宰率 76%,瘦肉率可高达 70%。

繁殖性能:公猪一旦达到性成熟就有较强的性欲,一般采精调教一次就会成功,射精量 250~300 毫升,精子数每毫升达 3 亿个。母猪母性不亚于我国地方品种,仔猪育成率 92%~98%。母猪的初情期一般在 190 日龄,发情周期 18~21 天,每胎产仔数 10 头左右,产活仔数9头左右。商品肉猪90千克以后生长速度显著降低。

杂交利用：由于皮特兰猪产肉性能高，多用作父本进行二元或三元杂交。用皮特兰公猪配上海白猪（农系），其二元杂种猪育肥期的日增重可达650克，体重90千克屠宰，其胴体瘦肉率达65%；皮特兰公猪配梅山母猪，其二元杂种猪育肥期日增重685克，饲料转化率为2.88∶1，体重90千克屠宰，胴体瘦肉率可达54%左右。用皮特兰公猪配长×上（长白猪配上海白猪）杂交母猪，其三元杂种猪育肥期日增重730克左右，饲料转化率为2.99∶1，胴体瘦肉率65%左右。

6. **巴克夏猪** 原产于英国巴克郡和威尔郡。1860年成为品质优良的脂肪型猪，1900年德国人曾输入巴克夏猪饲养于青岛一带，我国于19世纪末引进，曾在辽宁、河北等省与当地母猪杂交，对培育新品种起过作用。我国早期引进的巴克夏猪，体躯丰满而短，是典型的脂肪型猪种。20世纪60年代引进的巴克夏猪体型已有改变，体躯稍长而膘薄，趋向肉用型。

体型特征：耳直立稍向前倾，鼻短、微凹，颈短而宽，胸深长，肋骨拱张，背腹平直，大腿丰满，四肢直而结实。毛色黑色有"六白"特征，即嘴、尾和四蹄白色，其余部位黑色。

生产性能：产仔数7~9头，初生重1.2千克，60天断奶重12~15千克。生长猪体重20~90千克阶段，日增重487克，饲料转化率为3.79∶1。成年公猪体重230千克，成年母猪198千克。具有体质结实、性情温顺、沉积脂肪快的优点，但产仔数低，胴体含脂肪多。巴克夏猪输入我国已有90多年历史，经长期饲养，在繁殖力、耐粗饲和适应性都有所提高。用巴克夏公猪与我国本地母猪杂交，体型和生产性能都有明显改善。但瘦肉率和饲料转化率稍低，其杂种猪在国内山区仍受群众喜爱。

（二）国内品种

我国猪的代表性品种可以分为两类：地方品种和培育品种。地方品种是指原产于我国，培育历史悠久的一些古老品种。培育品种是新中国成立以来，利用我国的地方品种与国外引进良种杂交选育而成的新品种。据1986年出版的《中国猪品种志》介绍，按体型外貌、生产性能、地理气候和生态条件，我国地方猪种大致可划分为华北型、华南型、华中型、江海型、西南型和高原型6个类型。体型一般呈北大南小，毛色呈北黑南花态势。丰富的猪种资源为促进我国生猪生产发展奠定了种质资源。我国地方品种有64个，华北型如东北的民猪、西北的八眉猪、黄淮海黑猪。华南型如两广小花猪、海南猪、滇南小耳猪、香猪；华中型如湖南大围子猪、宁乡猪、华中两头乌猪、浙江金华猪、广东大花白猪；江海型如太湖猪、姜曲海猪；西南型如乌金猪、内江猪、荣昌猪；高原型如藏猪。

前些年，我国地方猪品种数量由于多种原因，数量急剧减少，有的已经绝迹或濒临断种。近年来，我国各地政府意识到了这种危机，纷纷拨出专款加大了地方猪种的保护和开发力度。据2004年出版的《中国畜禽遗传资源状况》统计，我国已认定的地方猪品种有72个，据《中华人民共和国畜牧法》第十二条的规定，农业部已确定其中34个入选国家级畜禽遗传资源保护品种，具体目录如下。

八眉猪、大花白猪（广东大花白猪）、黄淮海黑猪（马身猪、淮猪、莱芜猪、河套大耳猪）、内江猪、乌金猪（大河猪）、五指山猪、太湖猪（二花脸、梅山猪）、民猪、两广小花猪（陆川猪）、里岔黑猪、金华猪、荣昌猪、香猪（含白香猪）、华中两头乌猪（通城猪）、清平猪、滇南小耳猪、淮猪、蓝塘猪、藏猪、浦东白猪、撒坝猪、湘西黑猪、大蒲莲猪、巴马香猪、玉江猪（玉山黑猪）、河西猪、姜曲海猪、关岭猪、粤东黑猪、汉江黑猪、安庆六白猪、莆田黑猪、嵊县花猪、宁乡猪。

近几年,国内各地又陆续育成了一些新品种,如北京黑猪、鲁莱黑猪、豫南黑猪、苏太猪和晋汾白猪等。

(三)配套系

1. 进口的配套系猪品种　有 PIC 猪、斯格猪、迪卡猪、达兰配套系等。

(1)PIC 配套系　由 PIC 种猪改良公司选育的世界著名配套系猪种之一,PIC 公司是一个跨国种猪改良公司,总部目前设在英国牛津。PIC 配套系猪由英国 PIC 公司选育的适应多种市场需求的配套系猪种。PIC 中国公司于 1997 年 10 月从其英国公司遗传核心群直接进口了 6 个品系共 669 头种猪。这些品系均通过 PIC 公司遗传专家们的谨慎筛选和长期的试验而推荐的符合中国养猪生产国情的优良品系。PIC 五元杂交体系在中国的推广,将为中国现代养猪业带来巨大的经济利益和高科技的福音。

(2)斯格配套系　是欧洲国家比利时斯格遗传技术公司选育的种猪,斯格遗传技术公司是世界上大型的猪杂交育种公司之一。河北省斯格种猪有限公司根据中国市场的需要选择引进了 23、33 这 2 个父系和 12、15、36 这 3 个母系组成了五系配套的繁育体系,从而开始在我国繁育推广斯格瘦肉型配套系优种猪和配套系杂交猪。

(3)迪卡配套系　北京养猪育种中心 1991 年从美国引入迪卡配套系种猪(DEKALB),是美国迪卡公司在 20 世纪 70 年代开始培育的品种。迪卡配套系种猪包括曾祖代(GGP)、祖代(GP)、父母代(PS)和商品杂优代(MK)。1991 年 5 月,我国由美国引进迪卡配套系曾祖代种猪,由 5 个系组成,这 5 个系分别称为 A、B、C、E、F。这 5 个系均为纯种猪,可利用其进行商品肉猪生产,充分发挥专门化品系的遗传潜力,获得最大杂种优势。迪卡猪具有产仔数多、生长速度快、饲料转化率高、胴体瘦肉率高的突出特性,除此之外,还具有体质结实、群体整齐、采食能力强、肉质好、抗应激等一系列优点。产仔数初产母猪 11.7 头,经产母猪 12.5 头。达 90 千克体重日龄为 150 天,料肉比 2.8∶1,胴体瘦肉率 60%,屠宰率 74%。

(4)达兰配套系 荷兰有 5 家种猪生产专业性的公司。目前,荷兰有 5 个配套系模式父系应用杜洛克、皮特兰、大白;母系应用大白、荷兰长白和芬兰长白合成。根据中国政府和荷兰政府协定,在北京西郊共同建立"中荷农业部北京畜牧示范培训中心",该中心所属一个种猪场,饲养荷兰达斯坦勃公司育成的配套系种猪。属于四系配套的配套系种猪。达兰配套系猪是荷兰 TOPIGS 国际种猪公司选育的种猪,TOPIGS 公司是荷兰最大的种猪公司。公司不仅在荷兰建设有种猪场,还在法国、加拿大都有配套系原种猪场,是一个跨国种猪公司。

2. 国内的配套系猪品种 国内配套系是一个特定的繁育体系,这个体系中包括纯种(系、群)繁育和杂交繁育两个环节;配套系有严密的代次结构体系,以确保加性效应和非加性效应的表达;配套系追求的目标是商品代肉猪的体型外貌、生产性能及胴体品质的完美和良好整齐度。国内培育出的具有地方猪血缘的优质配套系主要有如下几个:

(1)滇撒猪配套系 2006 年 4 月通过云南省科技厅组织的国内专家鉴定,2006 年 6 月,国家农业部第 668 号公告正式认定为国家级配套系。2006 年云南农业大学联合有关单位成功培育了国内第一个以地方猪种选育的专门化品系配套而成的猪配套系——滇撒猪配套系,采用云南地方优良猪种资源撒坝猪(国家重点保护品种)选育的专门化母系和 2 个引进品种选育的专门化父系配套而成的三系配套系。该配套系父母代母猪经产猪每胎平均产仔数12.61头,商品肉猪日增重869克,饲料转化率为2.88：1,瘦肉率达61%,肌间脂肪3.47%,能大量利用农副产品,具有广阔的推广应用价值和经济效益。

(2)鲁农猪Ⅰ号配套系 2007年1月18日通过国家畜禽遗传资源委员会猪专业委员会的现场审定,2007年6月29日获国家畜禽资源委员会颁发的新品种证书。鲁农猪Ⅰ号配套系是以山东地方猪种莱芜猪为母本,引进的瘦肉型大约克、杜洛克猪为父本培育出的优质肉猪配套系。2006年生产性能测定结果为体重30~100千克阶段日增重742克,饲料转化率为2.99：1,瘦肉率58.39%,肌间脂肪含量4.01%。鲁农1号猪配套系的专门化母系良种猪,头颈稍细、清秀,腹部大而不不垂,乳头排列均匀、整齐,乳头数7~8对,而且发育良好,成年母猪体重一般为100~120千克。平均窝产仔数14.81头,产活仔数12.81头,70日龄育成活仔数11.52头。鲁农Ⅰ号猪配套系商品猪肌肉色评分3.19,大理石纹3.38,pH值16.06,肌间脂肪4.01%,肉质优良。适应性好,在长期的自然选择和人工选择过程中,鲁农Ⅰ号猪配套系具有良好的抗寒、耐热、抗病、耐低营养和适应粗饲料的能力。尤其是抗病力突出,在同等饲养条件下,很少发病,药费仅为外种猪的1/4,发病死亡率极低。生长速度快,在生长速度上,鲁农Ⅰ号猪配套系一点都不亚于其祖代大约克猪和杜洛克猪。经农业部种猪质量监督检验测试中心测定,鲁农Ⅰ号猪配套系的育肥猪170天左右达到100千克体重,变异系数小于10%。饲料转化率高,经农业部测定,鲁农Ⅰ号猪配套系商品猪每增重1千克消耗混合精料为2.99千克。瘦肉率,经农业部测定,鲁农Ⅰ号猪配套系的瘦肉率达到58.39%,由于肌间脂肪含量较为丰富,鲜香浓郁,尤其受到我国鲜肉市场的青睐。

(3)渝荣1号猪配套系 2007年1月20日通过国家畜禽遗传资源委员会猪专业委员会的现场审定,2007年6月29日获国家畜禽资源委员会颁发的新品种证书。审定编号:畜禽新品种(配套系)证书:(农01)新品种证字第14号。以荣昌猪优良基因资源为基础培育而成的新配套系,配套系采用三系配套,一个专门化父系 A、一个母本父系 C 和一个母本母系 B,即 ACB 三系配套。A 系(父本父系)由丹系与台系杜洛克猪杂交合成;B 系(母本母系)由优良地方猪种荣昌猪与大白猪杂交选育而成;C 系(母本父系)由丹系与加系长白猪杂交合成。ACB 配套系克服了现有瘦肉型猪种生产类型单一、抗逆境能力差、繁殖性能较低及肌肉品质差等不足,具有肉质优良、繁殖力好、适应性强等突出特性。渝荣1号猪配套系是以荣昌猪为母本的三系配套的猪配套系,商品猪全期日增重为 827 克,饲料转化率为 2.75:1,瘦肉率为 62.8%,肉色评分 3.83,pH 值为 6.22,肌间脂肪含量为 2.59%。配套系具有肉质优良、适应性强、繁殖性能好、瘦肉率适度、市场竞争力强等优良特性。

(4)华农温氏Ⅰ号猪配套系 2006 年通过国家审定,(农01)新品种证字第 9 号认定为配套系新品种。广东华农温氏畜牧股份有限公司和华南农业大学利用 7 年时间组建,培育专门化品系和进行配合力测定,最终筛选出经济效益显著的四系配套肉猪。父Ⅰ系为 HN111 品系,为父系父本,以法国来源皮特兰猪为主要素材;父Ⅱ系为 HN121 品系,为父系母本,以美国、丹麦和中国台湾省来源的杜洛克猪为主要素材;母Ⅰ系 HN151 品系为母系父本,以丹麦和美国来源长白猪为主要素材;母Ⅱ系 HN161 品系为母系母本,以丹麦和美国来源大白猪为主要素材。以四系配套生产的 HN401 肉猪肌肉发达,生长快,瘦肉率高,肉质优良,综合经济效益好。达 100 千克体重日龄 154 天,活体背膘厚 13.4 毫米,饲料转化率 2.49:1;体重 100 千克胴体瘦肉率为 67.2%,变异系数在 10% 以下。

(5)松辽黑猪配套系 2010 年 1 月 15 日农业部公告第 1325

号(农 01)新品种证字第 17 号审定松辽黑猪为畜禽新品种、配套系。松辽黑猪是以吉林本地猪为母本,丹系长白猪为第一父本、美系杜洛克猪为第二父本。对 42 头松辽黑猪屠宰测定:宰前体重91.8 千克,屠宰率 69.9%,胴体瘦肉率 57.2%。对 42 头松辽黑猪肉质测定:肉色评分 2.8,大理石纹评分 2.8,肌间脂肪含量3.52%。

(6)光明配套系 1998 年 7 月通过国家畜禽品种审定委员会猪品种审定专业委员会审定,1999 年通过农业部批准。光明畜牧合营有限公司从国内引进匈系和美系杜洛克猪作为配套系的父系,原斯格猪母系作为配套系的母系,自 1988 年开始进行配套试验,同时对杜洛克猪、斯格猪母系进行选育。经过几年的选育,培育出了适应广东高温高湿气候,独具特色的光明父系、光明母系。光明父系肉色鲜红,体型好,生长速度快;光明母系是我国大量进口的外国猪种中唯一能够经历近 20 年的闭锁选育、风土驯化,不但不退化而且有较大提高的外来种群。斯格猪已成为我国重要的种质资源而推广到全国不同自然生态和畜牧经营方式的农场和地区,不但作为杂交利用的亲本,而且还被利用作为育种素材培育出新的品种,其中以哈白猪和斯格猪为基本素材培育的"军牧一号"已经通过国家审定,批准为猪新品种。

新配套系的父系达 90 千克日龄,活体背膘厚分别为 159.94天为 1.54 厘米;母系猪达 90 千克日龄,活体背膘厚、初产仔数、经产仔数分别为 167.13 天、1.67 厘米、10.22 头、10.97 头。其中,生长性能及胴体指标的变异系数均在 10%以下,繁殖性能的变异系数在 20%以下,遗传性能稳定。自 1995 开始在香港市场中试销,卖价逐步上升,深受香港市民的欢迎,被誉为"猪王"。

(7)华特配套系 1999 年通过甘肃省畜禽品种审定委员会审定。华特猪配套系是由甘肃省农业大学等 5 个单位联合培育,包括 a、b、c 三个专门化新品系,是以甘肃白猪及其他地方品种"基因库"为原始素材,根据杜洛克猪、长白猪和大约克猪的生产性能和种质特性,结合 a、b、c 三个专门化瘦肉型猪新品系培育方向,利用现代育种手段,筛选出与杜洛克(d)有特殊配合力的 da、db 和 dabc 理想配套模式。

华特猪配套系以数量遗传学理论为指导,对配套系的选育方法及繁育体系进行了大量的研究。它是在广泛收集原始素材,把保持遗传素材多样性作为配套系培育的基础上,按"同质性状结合体"的选择方向,采用多品种(系)杂交合成和品种(系)内分化的方法组建核心群,继代定向选育专门化品系;从四世代开始组织杂交试验,进行配合力测定,根据配合力测定信息,以"性状同质"为原则,进一步改造、定位专门化品系,最终筛选出 DABC 为杂优猪生产的最佳配套模式,同期化条件下其生产性能较"洋三元"突出。建立了由育种、制种和商品生产 3 个部分组成的配套系繁育体系,以单向单杂交方式生产父母本,单向双杂交合成华特杂优猪。在专门化品系的选择方法上,父本品系以个体选择为主、家系选择为辅,集中选择高等、中等遗传力的胴体性状和育肥性状;母本品系采取家系选择结合杂交测定的选种方法,偏高选择繁殖性状。

(8)深农猪配套系 深圳市农牧实业有限公司经过 8 年时间通过建立完整的杂交繁育体系及一系列猪育种措施培育的深农猪配套系,于 1998 年正式经过科技成果鉴定、农业部审定并命名为"深农猪配套系"。1998 年 8 月通过国家畜禽品种审定委员会审定,1999 年 3 月通过农业部审批,成为我国自行培育的配套猪种。根据培育配套系的实践经验,从原始亲本的选定、建立完整的杂交繁育体系、配套系家系的建立、配套系的选种、肉质的改善、配套系生产性能的分析、配套系杂交效益的选择、配套系培育过程中近交方法的利用、外观选择、科学饲养对培育配套系的作用等 10 个方面,对猪配套系培育技术进行了研讨。

（9）罗牛山瘦肉猪配套系Ⅰ系 2003 年获省科技进步奖。根据市场需求和实际条件，利用引进优良猪种资源，先后引进丹麦长白猪、大白猪、杜洛克猪及比利时皮特兰猪抗应激品系，随后又引进加拿大双肌臀大白猪、中国台湾杜洛克纯种猪，在罗牛山瘦肉猪配套Ⅰ系基础上开展大规模种猪个体性能和品系间杂交配合力测定，并应用分子生物学方法剔除氟烷基因，培育出高繁殖力、抗应激的罗牛山瘦肉猪配套Ⅱ系，随即应用于生产，并大规模推广，取得了较好的经济效益和社会效益。

（10）中育配套系 2005 年通过国家审定，（农 01）新品种证字第 8 号。北京养猪育种中心经过 10 年的开拓和发展，运用现代育种理论和配套系技术，培育出了具有国际先进水平、适应中国市场需求的中育配套系。中育 1 号拥有 2 个祖代育种场、2 个父母代场，于 2001 年开始推出中育配套系系列中试产品。

（11）冀合白猪配套系 2002 年，冀合白猪配套系通过国家畜禽品种审定委员会猪品种审定专业委员会审定，成为国内培育的第一个含地方猪血缘的配套系。其为三系配套，母本 A 系由大约克猪、定县猪、深县猪杂交选育而成；母本 B 系由长白猪、太湖猪的二花脸猪品系和汉沽黑猪杂交选育而成；父本 C 系由纯种汉普夏猪通过继代选育而成。配套方式为 A、B 两系正反交产生的杂合母猪，再用 C 系公猪交配，生产商品代肥猪 CAB 和 CBA。商品猪全部为白色，其特点是母猪产仔多、商品猪一致性强、瘦肉率高、生长速度快。商品猪全部为白色。

（12）湘虹猪配套系 2006 年 6 月 26 日通过湖南省畜禽品种审定委员会的审定。湖南正虹科技发展股份有限公司原种猪场于 1998 年 3 月份从丹麦引进 110 头原种大白猪、长白猪、杜洛克猪组建基础群，以湖南农业大学动物遗传育种教研室作为技术依托，在施启顺、柳小春等育种专家的具体指导下，以培育"湘虹优质猪配套系"为目标，运用常规选育和分子技术相结合开展选育工作。

用这种配套系种猪产出的杂优商品猪生长速度快,饲料报酬高,瘦肉率高。湘虹猪配套系商品猪的平均日增重为 910 克,瘦肉率为 68%。

(13)秦台猪配套系 秦台猪 4 个配套系是以山东省优良猪种"莱芜猪"为基础母本的瘦肉型商品猪配套生产体系,是建立在严格科学理论基础的生产实践。秦台Ⅰ、Ⅲ系适于农村养猪专业户和小型养猪场饲养;秦台Ⅱ、Ⅳ系适合于大中型专业育肥猪场饲养。秦台Ⅰ、Ⅱ系主要针对以上海市、广州市为代表的南方消费市场。秦台Ⅲ、Ⅳ系则以北京市、天津市为代表的北方消费市场为销售区域;另外,秦台Ⅰ、Ⅲ系适合中小城市消费群体的口味。秦台Ⅱ、Ⅳ系则更为大城市消费者所青睐,这是"秦台猪"4 个配套系能够适于不同的养殖者和消费者的独到之处。

(14)白塔猪配套系 由内蒙古白塔种猪场培育,以内蒙古农业大学为技术依托单位。种猪主要品种有英系大白猪,法系大白猪,长白猪,美系杜洛克猪,生产性能达到国际先进水平。白塔配套系祖代、父母代及商品代猪的培养成功,彻底解决了北方地区气候寒冷、饲料单一等养猪难题。种猪产品销往内蒙古各地及河北、山西、陕西、宁夏、四川、江西、甘肃等周边省市。白塔种猪含有中国地方优良品种猪的血缘,其猪肉色泽、肌间脂肪含量、肌肉嫩度、系水力度均达到优质鲜肉标准。

(四)杂交组合及多元猪的含义

1. 二元猪 凡是由 2 个纯种品种猪杂交而产生的后代猪都称为二元猪,包括二元公猪和二元母猪,可以作为留种使用。常见二元组合有(前者为公,后者为母)长白×大白,大白×长白(俗称长大或大长,常用来作商品猪场的繁殖用母猪);杜洛克×大白(所产生后代简称杜大);杜洛克×长白(所产生后代简称杜长);皮特兰×杜洛克(所产生后代简称皮杜);皮特兰×长白(所产生后代简称皮长）；皮特兰×大白（所产生后代简称皮大）等。

2. **三元猪** 凡是由 3 个品种猪交配所产生的后代猪称之为三元猪。由 3 个外国引进猪杂交所产生的猪叫外三元猪，最常见的是杜长大及杜皮长、杜皮大三元猪等；由 3 个国内品种产生的杂交后代或引进品种与国内猪 3 个品种杂交的后代称之为内三元。

其中，杜长大（外三元猪）杂交方式见图 2-1。

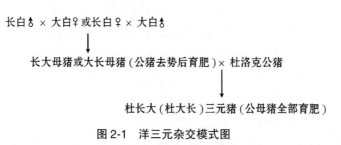

图 2-1 洋三元杂交模式图

3. **多元猪** 由 3 个以上品种猪交配所产生的后代猪称之为多元猪，又称为多元杂交猪，常用于培育和生产配套系品种，我国各地往往利用外种猪生长快、饲料转化率高、生产效率高的优点，结合我国猪抗逆性强、抗病力强、繁殖性能好等特点通过一系列育种手段培育新的猪配套系良种。其中四元猪杂交方式示意图见图 2-2。

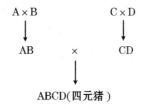

图 2-2 四元猪杂交方式示意图

三、猪的营养与饲料

（一）猪的营养需要

猪的营养需要是指保证猪体健康和充分发挥其生产性能所需要的饲料营养物质数量，可分为维持需要和生产需要。

1. **维持需要**　是指猪只处于不进行生产，健康状况正常，体重、体质不变时的休闲状况下，用于维持体温，支持体态，维持呼吸、循环与酶系统的正常活动的营养需要，称为维持需要或维持营养需要。

2. **生产需要**　是指猪消化吸收的营养物质，除去用于维持需要，其余部分则用于生产需要。猪的生产需要分为妊娠、泌乳、生长等几种。

（1）**妊娠需要**　妊娠母猪的营养需要，是根据母猪妊娠期间的生理变化特点，即妊娠母猪子宫及其内容物增长、胎儿的生长发育和母猪本身营养物质的沉积等来确定。其所需要营养物质除维持本身需要外，还要满足胚胎生长发育和子宫、乳腺增长的需要。母猪在妊娠期对饲料营养物质的利用率明显高于空怀期，在低营养水平下尤为显著。据实验，妊娠母猪对能量和蛋白质的利用率，在高营养水平下，比空怀母猪分别提高 9.2% 和 6.4%，而在低营养水平下则分别提高 18.1% 和 12.9%。但是妊娠期间的营养水平过高或过低，都对母猪繁殖性能有影响，特别是过高的能量水平对繁殖有害无益。

（2）**泌乳需要**　泌乳是所有哺乳动物特有的功能、共同的生物学特性。母猪在泌乳期间需要把很大一部分营养物质用于乳汁的合成，确定这部分营养物质需要量的基本依据是泌乳量和乳的营养成分。母猪的泌乳量在整个泌乳周期不是恒定不变的，而是明显呈抛物线状变化的。即分娩后泌乳量逐渐升高,泌乳的第18~25天为泌乳高峰期,28天后泌乳量逐渐下降。即使此时供给高营养水平的饲料,泌乳量仍急剧下降。猪乳汁营养成分也随着泌乳阶段而变化,初乳中各种营养成分显著高于常乳。常乳中脂肪、蛋白质含量随泌乳阶段呈增高趋势,但乳糖则呈下降趋势。

另外,母猪泌乳期间,泌乳量和乳汁营养成分的变化与仔猪生长发育规律也是相一致的。例如,在3周龄前,仔猪完全以母乳为生,母猪泌乳量随仔猪长大、吃奶量增加而增加;4周龄开始,仔猪已从消化乳汁过渡到消化饲料,可从饲料中获取部分营养来源,于是母猪产奶量也开始下降。母猪泌乳变化和仔猪生长发育规律是合理提供泌乳母猪营养的依据。

(3)种公猪的营养需要 饲养种公猪的基本要求是保证种公猪有健康的体格、旺盛的性欲和良好的配种能力,精液的品质好,精子密度大、活力强,能保证母猪受胎。确定种公猪营养需要的依据,主要是种公猪的体况、配种任务和精液的数量与质量。日粮能量水平不能过高或过低,保持种公猪有不过肥或过瘦的种用体况为宜。营养水平过高,会使公猪肥胖,引起性欲减退和配种效果差的后果;营养水平过低,特别是长期缺乏蛋白质、维生素和矿物质,会使公猪变瘦,每千克饲料的消化能不得低于12.5兆焦,粗蛋白质应占日粮的15%以上,并且注意适当补充动物性蛋白质,如鸡蛋等。非配种季节,饲粮蛋白质水平不能低于13%,每千克饲粮的消化能保持在13兆焦左右。

(4)生长需要 生长猪是指断奶到体成熟阶段的猪。从猪生产和经济角度来看,生长猪的营养供给在于充分发挥其生长优势,为产肉及以后的繁殖奠定基础。因此,要根据生长猪生长、育肥的一般规律,充分利用生长猪早期增重快的特点,供给营养价值完善的日粮。

（二）猪需要的营养物质

猪需要的营养物质分为 7 大类：水、能量、脂肪、碳水化合物、蛋白质、矿物质和维生素。除水分为不可细分的养分外，其余均代表一类养分。养分具有 4 方面的功能：参与机体的构成，提供能量，调节机体代谢过程，形成乳、肉等体外产品。猪在不同的生理状况下，所需要的营养物质及能量的数量不同。营养过多不仅浪费饲料，还会给猪身体带来不良影响；过少不仅会影响猪生产性能的发挥，还会影响其健康。

1. **能量需要** 猪体内各种生理活动都需要能量，如果缺乏能量，将使猪生长缓慢，体组织受损，生产性能降低。猪所需能量来自饲料中的 3 种有机物质，即碳水化合物、脂肪和蛋白质。其中，碳水化合物是能量的主要来源，富含碳水化合物的饲料如玉米、大麦、高粱等。一般情况下，猪能自动调节采食量以满足其对能量的需要。但是，猪的这种自动调节能力也是有限度的，当日粮能量水平过低时，虽然它能增加采食量，但因消化道的容量有一定的限度而不能满足其对能量的需要；若日粮能量过高，谷物饲料比例过高，则会出现大量易消化的碳水化合物，引起消化紊乱，甚至发生消化道疾病。同时，日粮中能量水平偏高，猪会因脂肪沉积过多而造成肥胖，降低瘦肉率，影响公、母猪的繁殖功能。

2. **蛋白质需要** 蛋白质是生命的基础。猪的一切组织器官如肌肉、神经、血液、被毛甚至骨骼，都以蛋白质为主要组成成分，蛋白质还是某些激素和全部酶的主要组成成分。猪生产过程中和体组织修补与更新需要的蛋白质全部来自饲料。蛋白质缺乏时，猪体重下降，生长受阻，母猪发情异常，不易受胎，胎儿发育不良，还会产生弱胎、死胎，公猪精液品质下降等现象；但蛋白质过量，不仅浪费饲料，还会引起猪消化功能紊乱、痛风病，甚至中毒。

在猪饲料蛋白质供给上应注意必需氨基酸，如赖氨酸和蛋氨酸等限制性氨基酸的供给量。饲粮中必需氨基酸不足时,可通过添加人工合成的氨基酸,使氨基酸平衡,提高日粮的营养价值。

3. **脂肪需要** 脂肪是猪能量的重要来源。尤其是脂肪酸中的十八碳二烯酸(亚麻油酸)、十八碳三烯酸(次亚麻油酸)和二十碳四烯酸(花生油酸)对猪(特别是幼猪)具有重要的作用。因其不能在猪体内合成,必须由饲料脂肪供给,故又称之为必需脂肪酸。缺乏脂肪时会发生生长发育不良现象。此外,饲料中的脂溶性维生素(维生素 A、维生素 D、维生素 E、维生素 K)必须溶于脂肪中,才能被猪体吸收和利用。一般认为,猪日粮中应含有 2% ~ 5%的脂肪,这不仅有利于提高适口性,利于脂溶性维生素的吸收,还有助于增加皮毛的光泽。

4. **碳水化合物需要** 猪饲料中最重要的碳水化合物是无氮浸出物和粗纤维。无氮浸出物主要由淀粉构成。

(1)**淀粉需要** 淀粉主要存在于谷物子实和根、块茎(如马铃薯)等中,很容易被消化。淀粉被食入后,在各种酶的作用下,最终转化成葡萄糖而被机体吸收利用。

(2)**粗纤维需要** 猪对粗纤维的消化能力比其他草食家畜要低些,但粗纤维对猪消化过程具有重要意义。粗纤维在保持消化、饲料稠度、形成硬粪以及在消化运转过程中,起物理作用。同时,粗纤维也是能量的部分来源。粗纤维供给量过少,可使肠蠕动减缓,食物通过消化道的时间延长,低纤维日粮可引起消化紊乱、采食量下降,产生消化道疾病,死亡率升高;日粮中粗纤维含量过高,会使肠蠕动过速,营养浓度下降,则仅能维持猪较低的生产性能。研究结果表明,仔猪和生长育肥猪日粮中粗纤维含量不宜超过4%,母猪可适当增加,但也不要超过 7%。

5. **矿物质需要** 矿物质是猪体组织的主要成分之一,约占成年体重的 5.6%。矿物质的主要功能是形成体组织和细胞,特别是骨骼的主要成分;调节血液和淋巴液渗透压,保证细胞营养;维持血液酸碱平衡、活化酶和激素等,是保证幼猪生长、保持成年猪健康和提高生产性能所不可缺少的营养物质。猪所需要的矿物质,按其含量可分为常量元素(占体重的 0.01% 以上)和微量元素(占体重的 0.01% 以下)两种。猪需要的常量元素主要有钙、磷、钠、氯、钾、镁、硫等;微量元素主要有铁、铜、锌、钴、锰、碘、硒等。

猪体内矿物质的主要来源是饲料。据测定,豆科牧草中含有丰富的钙,谷物子实中含有足量的磷。所以,在正常饲养条件下,均可满足钙、磷的需要量,但是仅从谷物饲料供给的话,钙磷比例不均衡。饲料中加入植酸酶可以有效提高谷物中磷的利用率,从而降低磷源饲料原料的添加量,不仅降低了较昂贵磷源饲料原料的添加量,降低了饲料成本,还可以减少粪尿中磷的排泄,对减少猪对环境的污染意义重大。由于植物性饲料中的钠、氯含量很低,因此必须补充食盐。据测定,猪的常用饲料中虽然富含钾、镁、硫、铁、铜、锌、钴等元素,一般情况下不会发生缺乏症,但是要保证高的生产率,必须科学合理地另外添加。

6. **维生素需要** 维生素是一类低分子有机化合物,它既不能提供能量,也不是动物体的构成原料。饲料中含量甚微,动物需要量极少,但生理功能却很大。维生素的主要功能是调节动物体内各种生理功能的正常进行,参与体内各种物质的代谢。维生素缺乏时,会导致新陈代谢紊乱,生长发育受阻,生产性能下降,甚至发病死亡,需由饲料中额外添加。猪所需要的维生素,根据其溶解性质分为两大类:一类是溶于脂肪才能被机体吸收的脂溶性维生素,包括维生素 A、维生素 D、维生素 E 和维生素 K 等,在猪日粮中均需从饲料中获得;另一类是溶于水中才能被机体吸收的水溶性维生素,即 B 族维生素和维生素 C。常用的有 10 种,包括:维生素 B_1(硫胺素)、维生素 B_2(核黄素)、维生素 B_3(烟酸)、维生素 B_4(胆碱)、维生素 B_5(泛酸)、维生素 B_6(吡哆素)、叶酸(维生素 B_{11})、维生素 B_{12}、生物素(维生素 H)和维生素 C(抗坏血酸)。

7. **水需要**　水是猪体内各器官、组织和产品的重要组成成分,猪体的3/4是水,初生仔猪的机体水含量最高,可达90%,体内营养物质的输送、消化、吸收、转化、合成及粪便的排出,都需要水分;水还有调节体温的作用,也是治疗疾病和发挥药效的调节剂。实验证明,缺水将会导致消化紊乱,食欲减退,被毛枯燥,公猪性欲减退,精液品质下降,严重时可造成死亡。长期饥饿的猪,若体重损失40%,仍能生存;但若失水10%,则代谢过程即遭破坏;失水20%,即可引起死亡。

正常情况下,哺乳仔猪每千克体重每日需水量为:第一周200克,第二周150克,第三周120克,第四周110克,第5~8周100克。生长育肥猪在用自动食槽不限量采食、自动饮水器自由饮水条件下,10~22周龄期间,水料比平均为2.56∶1;非妊娠青年母猪每日饮水约11.5升,妊娠母猪增加到20升,哺乳母猪多于20升。许多因素影响猪对水的需要量,如气温、饲粮类型、饲养水平、水的质量、猪的体重等都是影响需水量的主要因素。所以,养猪必须保证猪只有优质和充足的饮水。据调研,规模猪场平均每日用水量(包括人、畜及浪费),按照基础母猪计算,每头需要量达90~120升。一个年出栏万头的规模猪场需要500~600头母猪,每日供水量至少应达到50~60吨。

(三)猪常用饲料中的各种物质

猪的饲料范围很广,谷物及加工副产品、草、叶菜、块根类、饲料制剂等都可以吃进去并消化吸收。但是现代养猪场,必须根据猪的需要,配制全价日粮,才能使养猪效益充分发挥出来。所谓浓缩饲料和复合预混料是配制猪饲料的两个商品饲料,需要与其他饲料原料配合,不可以直接用来喂猪。

饲料是满足一切动物营养需要,维持生命活动和生产动物产品的物质基础。动物产品如肉、蛋、奶、脂肪、裘皮、羽毛及役用动物的劳役等,都是采食饲料中的养分经体内转化而产生的。只有了解各种饲料的营养特点,才能做到对其合理利用。猪用饲料原料是生产各种配合饲料,满足自身的生长、繁殖和形成高质量产品的物质基础。我国幅员辽阔,饲料资源丰富,品种繁多,了解饲料原料的性状、营养成分的特点对养猪生产非常重要。

目前,我国养猪实践中,猪饲料供应主要是精饲料,也就是由能量饲料、蛋白质饲料、矿物质、维生素和各种添加剂配制而成的配合饲料。但在我国农村分散饲养的猪群中,粗饲料、青绿多汁饲料也大量应用,这是我国的国情。

1. 粗饲料及其特点 在各种良种肉猪的饲养及规模化猪场的生产中,以精饲料为主体,使用全价配合饲料、颗粒饲料、膨化饲料是科学养猪的基础。然而,在目前我国的养猪生产中,规模化猪场虽然在增加,但以农村"一家一户"为主体的传统饲养方式,仍然是我国养猪业在相当长一段时间内的现实问题。因此,在猪的传统饲养模式中,除每日需要大量的精饲料外,粗饲料特别是农作物及粮食加工副产品在猪的饲料中也占据相当一部分,了解粗饲料的营养价值和饲料特性,对指导农村养猪生产十分重要。

(1)粗饲料营养特性 粗饲料主要是干的饲草和糠麸等农副产品,属饲料分类系统中第一大类。这类饲料体积大、难消化、可利用养分少,绝对干物质中粗纤维含量在18%以上,主要包括干草类、农副产品类(荚、壳、藤、秧)、树叶类、糟渣类等。它来源广、种类多、产量大、价格低,是马、牛、羊等草食动物冬、春季节的主要饲料来源,农村养猪生产中主要应用农副产品类。本类饲料的共同特点是:所含粗纤维高,尤其是收割较迟的劣质干草和秸秕类,木质素和硅的含量增大。由于它们与纤维素类碳水化合物紧密结合,并共同构成植物的细胞壁,从而影响了微生物对纤维素的酶解作用和对细胞内容物的消化作用。这是粗饲料的能量和各营养素消化率较低的重要原因。

粗饲料中以青干草的营养价值最高,如上等苜蓿干草的干物质中含有 18% 以上的粗蛋白质;每千克干物质含能量相当于 0.3~0.4 千克粮食;每千克干物质含有 200~400 毫克胡萝卜素。干草的营养价值随其生长阶段不同和调制方法而不同。此外,干草的植物学分类和组成也是决定其营养价值的必然因素。农作物秸秆和枯草是粗饲料中营养价值最低的饲草,一般体积大、粗硬、适口性差,含粗纤维 25%~40%,含粗蛋白质不到 5%,几乎不含胡萝卜素,不适合喂猪。秸秆中玉米秸、谷草、麦秸、豆秸、稻草、稻壳等,则是粗饲料中营养价值最低的饲料,更不适合喂猪。秸秕类粗饲料是我国广大农区养猪应用最广的饲草资源。

(2)常用的粗饲料

①干草　是青草或栽培青饲料在结实前的生长植株的地上部分经干制而成的粗饲料,其营养价值比秸秆高。一般禾本科青干草含粗蛋白质 6%~9%,每千克含可消化粗蛋白质 40~50 克;豆科的苜蓿干草含粗蛋白质可高达 15%,每千克含可消化粗蛋白质 100 克左右,超过禾谷类精饲料。制备良好的干草仍保持青绿颜色,所以也称为青干草。

干草的品质与牧草种类、刈割时间、晒制技术有关。一般规律是随着草的成熟粗纤维含量增高,蛋白质与含糖量下降,粗纤维的消化率降低。因此,无论是晒制干草还是做青贮饲,都应适时收割,兼顾产草量和营养价值两个方面。一般禾本科草在抽穗初期收割,豆科草在孕蕾期和开花初期收割。我国牧区及许多山丘地区都有打野青草晒制干草的习惯。晒制时应注意,晒的时间不宜过长,防止雨淋,以尽量减少干草中蛋白质和胡萝卜素的损失。刈割的鲜草宜摊薄暴晒,使水分迅速逸失,然后堆成小堆或小垛,让其通风晾干,待水分降至 15%~17%,便可上垛保存。由于苜蓿、草木樨等豆科牧草晒干后叶片很容易脱落,而叶片的营养价值很高,因此晒干后的豆科牧草最好打成草粉贮存。

②紫花苜蓿　是世界上栽培最早的牧草,现已传遍世界各国,它是苜蓿属中最重要的栽培牧草,被称为"牧草之王"。紫花苜蓿营养价值高,蛋白质中氨基酸含量丰富,干草中含粗蛋白质15%~20%,赖氨酸为1.05%~1.38%,其适口性好,是良好的蛋白质、维生素的补充料。在国外广泛利用其干草制颗粒饲料或配制全价混合饲料,效果很好,是广大农区养猪中应大力推广的牧草。

③白花草木樨　草木樨属植物约有20种,世界各国大面积栽培的有白花草木樨和黄花草木樨。而我国北方栽培的以白花草木樨为主。草木樨蛋白质含量低于苜蓿,它在不同时期所含营养物质不同。用作饲料的草木樨应在现蕾或现蕾以前收割。由于草木樨中含有香豆素,被咀嚼后游离香豆素即释放出来,产生不良的气味和苦味,降低适口性。据中国农科院畜牧研究所分析,香豆素花中含量最多,其次是叶和种子,茎和根中最少,幼嫩时含量最少。因此,草木樨在现蕾以前含香豆素较少,适口性最好。

④沙打旺　沙打旺是一种优良豆科牧草和绿肥作物,我国华北、西北、西南等地均有野生。它营养价值高,含水分66.71%,粗蛋白质4.85%,粗脂肪1.89%,粗纤维9%,无氮浸出物15.2%,灰分2.35%,干物质中粗蛋白质含量占14.6%。沙打旺幼嫩期猪习惯后喜食,可以切碎或打浆,也可以调制成干草或草粉。而老化后的沙打旺茎秆粗硬品质低劣,适口性很差,不宜喂猪。

⑤籽粒苋　是苋科苋属1年生草本植物,株高2米以上,茎红色或绿色,主茎粗4厘米左右,叶直生长,叶柄、种子细小,千粒种子重约0.54克。籽粒苋为短日照植物,喜温暖湿润气候,生育期要求有足够的光照。对土壤要求不高,但消耗肥力多,不耐阴,不耐旱。中等肥力地块每667米²产鲜草5~7吨。籽粒苋柔嫩多汁,清香可口,适口性好,营养丰富,是畜禽的优质饲料,鲜喂、青贮或调制优质草粒均宜。干品中含粗蛋白质14.4%,粗脂肪0.76%,粗纤维18.7%,无氮浸出物33.8%,粗灰分20%。从蛋白

质营养角度看,种 1 单位籽粒苋相当于 5 单位青刈玉米。每年可刈割 3~4 次,每 667 米² 产青饲料 10~20 吨。籽粒苋是一种粮、饲、菜和观赏兼用、营养丰富的高产作物。苗期叶片粗蛋白质含量高达 21.8%,赖氨酸 0.74%,成熟期叶片蛋白质含量仍可达 18.8%。叶片柔软,气味纯正,各种畜禽均喜食。可青饲、青贮,也可打浆、发酵、煮熟后饲喂畜禽。青贮时,可单贮或与豆科牧草、青刈玉米混合青贮。收种后的秸秆和残叶可用于放牧,也可制成干草粉。

籽粒苋蛋白质、脂肪含量丰富,茎叶和籽粒中粗蛋白质含量分别为 17.7%~27.1% 和 30% 以上。籽粒苋茎叶柔软多汁,是各类畜禽理想的青饲料,猪、鸡、鸭、鹅、牛、兔均喜食,也是鱼类极好的青饲料,可代替部分精饲料,子实也是家禽的优质精饲料。

⑥黑麦草 黑麦草属禾本科黑麦草属植物,在澳大利亚、新西兰、英国、美国等国广泛用作奶牛、肉牛和羊的干草和放牧草。早期收获的黑麦芽叶多茎少,质地柔嫩。初穗期茎与叶的比例为 1∶0.5~0.6,延迟收割则为 1∶0.35。黑麦草随着生长阶段的增长,粗蛋白质、粗灰分、粗脂肪含量逐渐减少,粗纤维及不能消化的木质素含量增加较多。因此,晚收的黑麦草营养价值低。

2. 青绿饲料及其特点 青绿饲料包括天然野草、人工栽培牧草、青刈作物和可利用的新鲜树叶等,这类饲料分布很广,养分比较完全,而且适口性好,消化利用率较高。因此,有条件时可以利用青饲料喂猪,用来降低生产成本,尤其在农村个体养殖中可以推广。对于动物营养来说,青饲料是一种营养相对平衡的饲料,但由于青饲料干物质中消化能较低,从而限制了它们潜在的其他方面的营养优势。然而,优良的青饲料仍可与一些中等能量饲料相比,在农村个体饲养实践中,青饲料与由它调制的干草都可以作为猪的补充饲料。

常用的青绿饲料及其营养特点如下。

（1）**禾本科青草** 作为青饲料的禾本科栽培草类和谷类作物，主要有玉米、粟、稗、麦类、苏丹草、象草、黑麦草、无芒雀草等。其中，玉米和可多次收割的象草产量最高，每公顷鲜草产量最高可达百吨。禾本科青饲料含无氮浸出物高，其中糖类较多，因而略有甜味，适口性好，猪喜食。在营养方面，共同的特点是粗蛋白质含量较低，只占鲜草重量的 2%～3%，而粗纤维成分却相对较高，约为粗蛋白质的 2 倍。苏丹草和高粱类幼嫩青草含有少量氰氢酸，不适于喂猪。

（2）**豆科青草** 在栽培的豆科青草中，有紫花苜蓿、三叶草、草木樨、秣食豆、豌豆、紫云英、沙打旺、蚕豆等。豆科青草含粗蛋白质较高，营养价值也略高于禾本科青草。幼嫩豆科青草适口性好，应防止猪过量放牧及采食，以免造成腹胀。草木樨含有香豆素，沙打旺含有脂肪族硝基化合物，应控制饲喂，以免中毒。

（3）**叶菜、水生青饲料及其他** 这类饲草种类繁多，包括叶菜及块根、块茎和瓜类的茎叶，如甘蓝、白菜、青菜、苋菜、甘薯藤、甜菜茎叶、胡萝卜茎叶等。这类饲料一般水分含量均较高，嫩叶菜和水生青饲料的干物质含量不足 10%，所以单位重量青饲料所能提供的能量和营养物质有限，但粗纤维少，维生素丰富，矿物质比例适宜，生物利用率高，最适合于广大农村养猪补饲。

青绿饲料虽然水分含量高，营养浓度偏低，但对猪来说也可大量饲喂，青绿饲料是猪维生素的最佳补充饲料，经常饲喂可提高猪的健康。但要注意清洗或消毒，以防寄生虫和病菌。

3. 能量饲料及其特点 能量饲料指的是在绝干物质中，粗纤维含量低于 18%、粗蛋白质含量低于 20%、天然含水量小于 45% 的谷实类、糠麸类等。常用的是谷实类及糠麸类饲料，一般每千克饲料绝干物质中含消化能在 10 兆焦以上，消化能高于 12.5 兆焦者属于高能量饲料。这类饲料富含淀粉、碳水化合物和纤维素，是猪饲料的主要组成部分，用量通常占日粮的 60% 左右。豆类与油料作物子实及其加工副产品也具有能量饲料的特性,由于它们具有富含蛋白质的重要特性,故列为蛋白质饲料。

能量饲料在营养上的基本特点是淀粉含量丰富,粗纤维含量少(一般在 5% 左右),易消化,能值高。粗蛋白质含量在 10% 左右,其中赖氨酸和蛋氨酸较少,矿物质中磷多钙少,维生素中缺乏胡萝卜素。

(1)谷实类饲料　谷实类饲料大多是禾本科植物的成熟种子。突出的特点是淀粉含量高,粗纤维含量低,可消化能量高。缺点是蛋白质含量低,氨基酸组成上缺乏赖氨酸和蛋氨酸,缺钙及维生素 A、维生素 D,磷含量较多但利用率低。

常用谷实类饲料及其营养特性如下。

①玉米　玉米是谷实类饲料的主体,是猪最主要的能量饲料,含淀粉多,消化率高,每千克干物质含代谢能 13.89 兆焦,粗纤维含量很少,脂肪含量可达 3.5% ~ 4.5%,所以玉米的可消化能量高,如果以玉米的能值作为 100,其他谷实类饲料均低于玉米。玉米含有较高的亚油酸,可达 2%,占玉米脂肪含量的近 60%,玉米中亚油酸含量是谷实类饲料中最高的。玉米粗蛋白质含量低,氨基酸组成不平衡,特别是赖氨酸、蛋氨酸及色氨酸含量低。维生素 A 的含量较高,维生素 E 含量也不少,而维生素 D、维生素 K 几乎不含有。水溶性维生素除维生素 B_1 外均较少。此外,玉米还含有 β-胡萝卜素、叶黄素等,尤其是黄玉米含有较多的叶黄素,这些色素对皮肤、爪、喙的着色有显著作用,优于苜蓿粉和蚕粪类胡萝卜素。玉米营养成分的含量受品种、产地、成熟度等条件的影响而变化。玉米水分含量影响各营养素的含量,而且玉米水分含量过高,还容易腐败、霉变而容易感染黄曲霉菌。黄曲霉素 B_1 是一种强毒物质,是玉米的必检项目。玉米经粉碎后,易吸水、结块、霉变,不便保存。因此,玉米一般要整粒保存,且贮存时水分应降低至 13% 以下。

②高粱　高粱的子实是一种重要的能量饲料。一个高粱穗一般可得70~75个子实。去壳高粱与玉米一样,主要成分为淀粉,粗纤维少,可消化养分高。粗蛋白质含量与其他谷物相似,但质量较差,含钙量少,含磷量较多,胡萝卜素及维生素D的含量少,B族维生素含量与玉米相当,烟酸含量多。高粱中含有单宁,有苦味,适口性差,猪不爱采食,因此猪日粮中用量不宜超过10%。单宁主要存在于壳部,色深者含量高。所以,在配合饲料中,色深者只能加到10%,色浅者可加到15%,若能除去单宁,则可加到70%。由于高粱中叶黄素含量较低,影响皮肤、脚等着色,可通过配合使用苜蓿粉、玉米蛋白粉和叶黄素浓缩剂达到满意效果。使用单宁含量高的高粱时,还应注意添加维生素A、蛋氨酸、赖氨酸、胆碱和必需脂肪酸等。

③小麦　我国小麦的粗纤维含量和玉米接近,为2.5%~3.0%。粗脂肪含量低于玉米,约2.0%。小麦粗蛋白质含量高于玉米,为11.0%~16.2%,是谷物子实类中蛋白质含量较高者,但必需氨基酸含量较低,尤其是赖氨酸。小麦的能值较高,为12.89兆焦/千克。小麦的灰分主要存在于皮部,和玉米一样,钙少磷多,且磷主要是植酸磷。小麦含B族维生素和维生素E多,而维生素A、维生素D和维生素C含量极少。因此,在玉米价格高时,小麦可作为猪的主要能量饲料,一般可占日粮的30%左右。但是由于小麦中β-葡聚糖和戊聚糖比玉米高,日粮要添加相应的酶制剂来改善猪的增重和饲料转化率。

④大麦　大麦是一种重要的能量饲料,粗蛋白质含量比较多,约12%,氨基酸组成中赖氨酸、色氨酸、异亮氨酸等的含量高于玉米,特别是赖氨酸,有的品种可达0.6%,比玉米高1倍多,这在谷类中不易多得,是能量饲料中蛋白质品质最好的。消化养分比燕麦高,无氮浸出物含量多。粗脂肪含量少于2%,不及玉米含量的一半,其中一半以上是亚油酸。钙、磷含量比玉米高,胡萝卜素和

维生素 D 不足,硫胺素多,核黄素少,烟酸含量丰富。大麦中 β-葡聚糖和戊聚糖的含量较高,饲料中应添加相应的酶制剂。大麦中含有单宁,会影响日粮适口性。大麦对猪的饲喂价值明显不如玉米,猪日粮中用量一般为 20%,最好在 10% 以下。

⑤燕麦 燕麦是一种很有价值的饲料作物,可用作能量饲料,其子实中含有较丰富的蛋白质,在 10% 左右,粗脂肪含量超过 4.5%。燕麦壳占谷粒总重的 25% ~ 35%,粗纤维含量高,能量少,营养价值低于玉米。一般饲用燕麦主要成分为淀粉,因麸皮(壳)多,所以其纤维含量在 10% 以上,可消化总养分比其他麦类低。蛋白质品质优于玉米,含钙量少,含磷量较多,其他矿物质含量与一般麦类相近,维生素 D 和烟酸的含量比其他麦类少。

⑥荞麦 荞麦属于蓼科植物,与其他谷实类不同科。由于它的生长期比较短,只有 60 ~ 80 天,在大田耕作制度的安排上,利用季节的空隙抢种一茬荞麦是提高复种指数的一个好措施。荞麦子实可以作为能量饲料,它的子实有一层粗糙的外壳,约占重量的 30%,故粗纤维含量较高,达 12% 左右。但其他营养特性均符合谷实类饲料的通性,故其能量价值仍然较高,消化能含量为 14.6 兆焦/千克。荞麦的蛋白质品质较好,含赖氨酸 0.73%,蛋氨酸 0.25%。

(2)糠麸类饲料 包括碾米、制粉加工的主要副产品。同原粮相比,除无氮浸出物含量较少外,其他各种养分含量都较高。米糠和麦麸的含磷量高达 1% 以上,并含有丰富的 B 族维生素。因粗纤维含量较高,故消化率低于原粮,糠麸中的含磷量虽然较多,但其中植酸磷占 70%,吸水性强,易发霉变质,不易贮存。

①糠 稻谷的加工副产品称为稻糠,稻糠可分为砻糠、米糠和统糠。砻糠是粉碎的稻壳,米糠是糙米(去壳的谷粒)精制成的大米的果皮、种皮、外胚乳和糊粉层等的混合物,统糠是米糠与砻糠不同比例的混合物。一般 100 千克稻谷可出大米 72 千克,砻糠

22 千克,米糠 6 千克。米糠的品种和成分因大米精制的程度而不同,精制的程度越高,则胚乳中物质进入米糠越多,米糠的饲用价值越高。米糠含脂肪高,最高达 22.4%,且大多属不饱和脂肪酸,含有维生素 E 2%~5%。米糠的粗纤维含量不高,所以有效能值较高。米糠含钙量偏低,微量元素中铁和锰含量丰富,而铜偏低。米糠富含 B 族维生素,而缺少维生素 A、维生素 D 和维生素 C。米糠是能值较高的糠麸类饲料,适口性好。但由于米糠含脂肪较高,天热时易酸败变质,可经榨油制成米糠饼再作饲用(表 2-1)。

表 2-1   其他糠麸类的饲用价值

项　目	干物质（%）	总　能（兆焦/千克）	粗蛋白质（%）	可消化粗蛋白质（%）	粗纤维（%）	钙（%）	磷（%）
高粱糠	88.4	19.25	10.3	62	6.9	0.30	0.44
	100	22.72	11.7	76	7.8	0.34	0.56
玉米糠	87.5	16.23	9.9	58	9.5	0.08	0.48
	100	18.58	11.3	66	10.8	0.09	0.54
小米糠（细谷糠）	90.0	18.45	11.6	74	8.0	—	—
	100	20.50	12.9	82	8.9	—	—

②麦麸   习惯上称为麸皮,是生产面粉的副产物。麦麸代谢能值与粗纤维含量呈负相关,大约为 6.82 兆焦/千克,粗蛋白质 15%左右,粗脂肪 3.9%左右,粗纤维 8.9%左右,灰分 4.9%左右,钙 0.10%左右,磷 0.92%左右,其中植酸磷 0.68%。小麦麸含有较多的 B 族维生素,如维生素 B₁、维生素 B₂、烟酸、胆碱,还含有维生素 E。由于麦麸能值低,粗纤维含量高,容积大,不宜用量过多,一般可占日粮的 10%左右。有效能值相对较低。另外,麦麸具有缓泄、通便的功能,可用于调节日粮能量浓度,起到限饲作用。

    4. 蛋白质饲料及其特点   通常将干物质中粗蛋白质含量在

20%以上、粗纤维含量小于18%的饲料划为蛋白质饲料,包括植物性蛋白质饲料、动物性蛋白质饲料、单细胞蛋白质饲料及酿造工业副产物等。

(1)植物性蛋白质饲料 此类饲料包括饼粕在内及一些粮食加工副产品。饼粕类饲料是油料子实榨油后的产品。其中,榨油后的产品通称"饼",用溶剂提取油脂后的产品通称"粕",这类饲料包括大豆饼和豆粕、棉籽饼、菜籽饼、花生饼、芝麻饼、向日葵饼、胡麻饼和其他饼粕等。其中,豆饼是猪良好的蛋白质饲料。棉籽饼及花生饼来源丰富,价格低廉,是猪蛋白质饲料的重要来源。各类油料子实的共同特点是油脂与蛋白质含量较高,而无氮浸出物比一般谷物类低。因此,提取油脂后的饼粕产品中的蛋白质含量就显得更高,再加上残存不同含量的油分,故一般的营养价值(能量与蛋白质)较高。

①豆饼和豆粕 大豆饼和豆粕是我国最常用的一种主要植物性蛋白质饲料,营养价值很高。大豆饼粕的粗蛋白质含量在40%~45%,大豆粕的粗蛋白质含量高于大豆饼,去皮大豆粕粗蛋白质含量可达50%,大豆饼粕的氨基酸组成较合理,尤其是赖氨酸含量达2.5%~3.0%,是所有饼粕类饲料中含量最高的,异亮氨酸、色氨酸含量都比较高,但蛋氨酸含量低,仅0.5%~0.7%,故玉米—豆粕基础日粮中需要添加蛋氨酸。大豆饼粕中钙少磷多,但磷多属难以利用的植酸磷。维生素 A、维生素 D 含量少,B 族维生素除维生素 B_2、维生素 B_{12} 外均含量较高。粗脂肪含量较低,尤其是大豆粕的脂肪含量更低。

生大豆中含有多种抗营养因子,如胰蛋白酶抑制因子、细胞凝集素、皂苷、尿素酶等。在提油时,如果加热适当,毒素受到破坏;如加热不足,破坏不了毒素则蛋白质利用率低;加热过度可导致赖氨酸等必需氨基酸的变性反应而影响利用价值。

②棉籽饼 棉籽饼是棉花子实提取棉籽油后的副产品,一般

含有 32%～37% 的粗蛋白质,产量仅次于豆饼,是一项重要的蛋白质资源。棉籽饼因加工条件不同,其营养价值相差很大,主要影响因素是是否脱壳及脱壳程度。在油脂厂去掉的棉籽壳中,虽夹杂着部分棉仁,粗纤维也达 48%,木质素达 32%,脱壳以前去掉的短绒含粗纤维 90%。因而,在用棉花子实加工成的油饼中,是否含有棉籽壳或者含棉籽壳多少,是决定其可利用能量水平和蛋白质含量的主要影响因素。

棉籽饼粕蛋白质组成不太理想,精氨酸含量 3.6%～3.8%,过高,而赖氨酸含量仅 1.3%～1.5%,过低,只有大豆饼粕的一半。蛋氨酸也不足,约 0.4%;同时,赖氨酸的利用率较差,故赖氨酸是棉籽饼粕的第一限制性氨基酸。饼粕中有效能值主要取决于粗纤维含量,即饼粕中含壳量。维生素含量受热损失较多。矿物质中磷多,但多属植酸磷,利用率低。

棉仁饼含粗蛋白质 33%～40%,棉籽饼为 23%～30%,棉籽饼的缺点是含有游离棉酚,是一种有毒物质,棉酚含量取决于棉籽的品种和加工方法。棉酚中毒有蓄积性,可与消化道中的铁形成复合物,导致缺铁,添加 0.5%～1% 硫酸亚铁粉可结合部分棉酚而去毒,并能提高棉籽饼(粕)的营养价值。

③菜籽饼　油菜是十字花科植物,子实含粗蛋白质 20% 以上,榨油后饼粕中油脂减少,粗蛋白质增加到 30% 以上。菜籽饼中赖氨酸含量为 1.0%～1.8%,色氨酸 0.5%～0.8%,蛋氨酸 0.4%～0.8%,胱氨酸 0.3%～0.7%,维生素含量为:硫胺素 1.7～1.9 毫克/千克,泛酸 8～10 毫克/千克,胆碱 6 400～6 700 毫克/千克。

菜籽饼含毒素较高,主要起源于芥子苷或称含硫苷(含量一般在 6% 以上),各种芥子苷在不同条件下水解,生成异硫氰酸酯,严重影响适口性。异硫氰酸酯加热转变成氰酸酯,它和噁唑烷硫酮还会导致甲状腺肿大,一般经去毒处理才能保证饲料安全。菜籽饼还含有一定量的单宁,降低动物食欲。"双低"菜籽饼(粕)的营养价值较高,可代替豆粕饲喂猪。

④花生饼粕　带壳花生饼含粗纤维15%以上,饲用价值低。国内一般都去壳榨油。去壳花生饼粕含蛋白质、能量比较高,花生饼(粕)的饲用价值仅次于豆饼。花生饼粕含赖氨酸1.5%~2.1%,色氨酸0.45%~0.51%,蛋氨酸0.4%~0.7%,胱氨酸0.35%~0.65%,精氨酸5.2%。含胡萝卜素和维生素D极少,硫胺素和核黄素5~7毫克/千克、烟酸170毫克/千克、泛酸50毫克/千克、胆碱1 500~2 000毫克/千克。花生饼粕本身虽无毒素,但易感染黄曲霉产生黄曲霉毒素,因此贮藏时切忌发霉。用花生饼粕喂猪,其所含蛋氨酸、赖氨酸不能满足猪需要,必须进行补充,也可以和鱼粉、豆饼(粕)等一起饲喂。

⑤向日葵饼　向日葵饼种类很多,一般向日葵籽各部分比例是:壳35%~45%、油脂25%~32%,脱壳后油脂含量增至30%~40%。改良品种油脂含量高,壳比例少。向日葵饼的蛋白质含量,以浸提法较高,但氨基酸含量却低于机榨饼,约20%,机榨饼氨基酸含量为:赖氨酸2.0%、色氨酸0.6%、蛋氨酸1.6%、胱氨酸0.8%。其维生素含量为:硫胺素9.7毫克/千克、核黄素4.2毫克/千克、烟酸37.8毫克/千克、泛酸7.7毫克/千克、胆碱280毫克/千克。

⑥胡麻饼　胡麻,即油用亚麻,在我国东北地区和西北地区栽培较多,胡麻种子榨油的副产品即胡麻饼,是胡麻产地的一种主要的蛋白质饲料。胡麻饼的氨基酸含量为:赖氨酸1.10%、色氨酸0.47%、蛋氨酸0.47%、胱氨酸0.56%。胡麻饼维生素含量为:胡萝卜素0.3毫克/千克、硫胺素2.6毫克/千克、核黄素4.1毫克/千克、烟酸39.4毫克/千克、泛酸16.5毫克/千克、胆碱1672毫克/千克。胡麻饼可以作为蛋白质饲料饲喂肉猪,但饲喂过多,也可使体脂变软,影响产品质量,所以胡麻饼最好同其他蛋白质饲料

混合饲喂,以补充赖氨酸等养分的不足。

胡麻种子中,尤其是未成熟的种子中,含有亚麻苷配糖体,叫作里那苦苷(linamain)也叫生氰糖苷(cyanogenetic glucoside),本身无毒,但在 pH 值 5.0 左右时,最容易为亚麻种子本身所含的亚麻酶所酶解,生成氢氰酸(HCN),氢氰酸对任何畜禽都有毒。

⑦其他饼类 其他比较重要的饼粕有蓖麻饼、椰子饼和芝麻饼等。其饲用价值见表 2-2。

表 2-2 其他饼粕类及饲用豆类的饲用价值

类 别	干物质 (%)	总 能 (兆焦/千克)	粗蛋白质 (%)	可消化 粗蛋白质 (%)	粗纤维 (%)	钙 (%)	磷 (%)
蓖麻饼	93.5	18.58	35.3	—	33.3	—	—
	100	19.87	37.7	—	35.6	—	—
椰子饼	91.2	17.15	24.7	197	12.9	0.04	0.06
	100	18.83	27.0	216	14.1	0.04	0.07
芝麻饼	82.2	19.04	44.3	362	5.4	1.99	.33
	100	20.67	48.0	393	5.8	2.15	1.44
黑豆(多样 品种平均)	91.0	21.00	37.9	300	5.7	0.27	0.52
	100	23.01	41.6	328	6.2	0.30	0.57
秣食豆(吉 黑平均)	88.4	19.62	34.5	280	5.9	0.06	0.57
	100	22.18	39.0	317	6.7	0.07	0.64
大 豆	88.0	—	37.0		5.1	0.27	0.48

⑧豆科子实 专用于饲料的豆类主要有秣食豆和黑豆,这些豆类都是动物良好的蛋白质饲料。饲用豆类,生喂饲用价值低,整喂消化率低,有的甚至不能消化,若经加工压扁或粉碎处理,消化率即能显著提高。黑豆虽是优质饲料,但也不能多喂,容易引起消化障碍,同时黑豆的营养也并不全面。

豆科子实的共同营养特点是蛋白质含量丰富(20%~40%),

而无氮浸出物较谷实类低(为28%~62%)。由于豆科子实有机物中蛋白质含量较谷实类高,故其消化能偏高。特点是大豆还含有较多的油分,其能量价值甚至超过玉米。

本类饲料中的矿物质和维生素的含量均与谷实类大致相似,不过维生素 B_2 和维生素 B_1 含量上有些种类稍高于谷实,但并不能列为上等。钙含量虽稍高一些,但钙、磷比例不适宜,磷多于钙。豆科子实就其蛋白质品质而言,在植物性蛋白中算是最好的,主要表现在植物蛋白中最缺的限制因子之一的赖氨酸含量比较高,蚕豆、豌豆、大豆的赖氨酸含量分别为 1.80%、1.76% 和 3.0%。

豆类蛋白质的品质也有不足之处,就是植物蛋白质的含硫氨基酸不足;豆类饲料在生的状态下含有一些不良的物质,如抗胰蛋白酶,产生甲状腺肿的物质、皂素与血细胞凝集素等,它们影响豆类饲料的适口性、消化性与动物的一些生理功能,这些物质经适当的热处理(110℃,3分钟)后可失去毒性。

⑨其他加工副产品 这类蛋白质饲料品种多而杂,有淀粉工业副产物(玉米胶蛋白),以豌豆、蚕豆和绿豆为原料生产粉丝的粉渣及酿造的副产物(各种酒糟、豆腐渣、酱油渣、醋和饴糖渣)等。由于原料和工艺上的区别,所得的副产物在营养成分上差别悬殊。

本类饲料在营养上不能一概而论。淀粉工业的副产物和酒精、饴糖生产的副产物是经提出和发酵用掉原料中的淀粉得到的,无氮浸出物含量大减而蛋白质和粗纤维成分都相对增高。以干物质基础计,各种谷物酒糟、啤酒糟和饴糖渣的粗蛋白质含量也在20%以上。酿造和发酵工业副产物的糟、渣类,由于微生物活动而产生大量的B族维生素,糟、渣中的B族维生素丰富,但脂溶性维生素贫乏。

⑩玉米蛋白粉 玉米蛋白粉的确切含义是玉米除去淀粉、胚芽和玉米外皮后剩下的产品。正常玉米蛋白粉的色泽为金黄色,

蛋白质含量越高色泽越鲜艳。玉米蛋白粉一般含粗蛋白质40%~50%,高者可达60%。玉米蛋白粉蛋氨酸含量很高,可与相同蛋白质含量的鱼粉相当,但赖氨酸和色氨酸严重不足,不及相同蛋白质含量鱼粉的25%,且精氨酸含量较高,饲喂时应考虑氨基酸平衡,与其他蛋白质饲料配合使用。由黄玉米制成的玉米蛋白粉含有很高的类胡萝卜素,其中主要是叶黄素(53.4%)和玉米黄素(29.2%),是很好的着色剂。玉米蛋白粉含维生素(特别是水溶性维生素)和矿物质(除铁外)也较少。总之,玉米蛋白粉是高蛋白质、高能量饲料,蛋白质消化率和可利用能值高,尤其适用于断奶仔猪。

(2)动物性蛋白质饲料 这类饲料包括鱼粉、肉骨粉、血粉、羽毛粉、蚕蛹粉等。对于这些动物性的饲料,因外国发生过疯牛病等,我国多个部门早已经发文限制使用,需要进行生产和使用许可;并且规定,严格遵循同类动物不得饲用同类动物肉骨粉的原则,特别是反刍动物不得饲用反刍动物肉骨粉,肉骨粉的各项质量卫生指标要完全符合产品标准要求。根据《饲料和饲料添加剂管理条例》和《饲料标签》标准规定,全面施行动物源性饲料产品的标签管理。首先是进口产品的中文标签管理,进口鱼粉缺乏标签或标签不规范的问题已严重影响动物源性饲料产品安全监管工作,农业部与国家出入境检验检疫部门沟通,全面禁止无进口登记证、无产品标签和标签不规范产品入境销售。其次对建立动物源性饲料产品生产企业,应当向所在地省级人民政府饲料管理部门提出申请,经审查合格取得《安全卫生合格证》后,方可办理企业登记手续。同时,对厂房设施、生产工艺及设备、生产技术人员、质检要求、生产环境、污染防治及生产管理等做出具体规定。

①鱼粉 鱼粉的营养价值因鱼种、加工方法和贮存条件不同而有较大差异。鱼粉含水量平均为10%;蛋白质含量40%~70%,其中进口鱼粉一般在60%以上,国产鱼粉50%左右。如果鱼粉粗

蛋白质含量太低,可能不是全鱼鱼粉,而是下脚鱼粉;粗蛋白质含量太高,则可能掺假。鱼粉不仅蛋白质含量高,其氨基酸也很高,而且比例平衡。进口鱼粉赖氨酸含量可达 5% 以上,国产鱼粉为 3.0%~3.5%。鱼粉粗脂肪含量 5%~12%,平均 8% 左右。海鱼的脂肪含有高度不饱和脂肪酸,具有特殊的营养生理作用。鱼粉含钙 5%~7%,磷 2.5%~3.5%,食盐 3%~5%。鱼粉中灰分含量越高,表明其中鱼骨多,鱼肉少。微量元素中,铁含量最高,可达 1 500~2 000 毫克/千克,其次是锌、硒。锌达 100 毫克/千克以上,硒为 3~5 毫克/千克,海鱼碘含量高。鱼粉的大部分脂溶性维生素在加工时被破坏,但 B 族维生素尤其是维生素 B_{12}、维生素 B_2 含量高,鱼粉中还含有未知生长因子。猪日粮中鱼粉用量为 2%~8%。饲喂鱼粉可使猪发生肌胃糜烂,特别是加工错误或贮存中发生过自燃的鱼粉中含有较多的肌胃糜烂素。鱼粉还会使猪肉产生不良气味。市售鱼粉掺假现象比较严重,掺假的原料主要有血粉、羽毛粉、皮革粉、尿素、硫酸铵等,大多是廉价且消化利用率低、蛋白质含量高的原料,因而起不到应有的饲用价值。鱼粉的真伪可通过感官、显微镜检验及测定真蛋白和氨基酸的方法来鉴别。

②肉骨粉 肉骨粉的营养价值很高,是屠宰场或病死畜尸体等成分经高温、高压处理后脱脂干燥制成的,饲用价值比鱼粉稍差,但价格远低于鱼粉,因此是很好的动物蛋白质饲料。据分析,肉骨粉粗蛋白质含量 54.3%~56.2%,粗脂肪 4.8%~7.2%,粗灰分 20.1%~24.8%,钙 5.3%~6.5%,磷 2.5%~3.9%,蛋氨酸 0.36%~1.09%,赖氨酸 2.7%~5.8%。肉骨粉维生素 B_{12} 含量丰富,含脂肪较高,最好与植物蛋白质饲料混合使用,仔猪日粮用量不要超过 5%,成猪可占 5%~10%。肉骨粉容易变质腐烂,喂前应注意检查。

③血粉 血粉是畜禽鲜血经脱水加工而制成的产品,是屠宰场主要副产品之一。血粉的主要特点是蛋白质和赖氨酸含量高,

含粗蛋白质80%~90%,赖氨酸7%~8%,比鱼粉高近1倍,色氨酸、组氨酸含量也高。但是血粉蛋白质品质很差,血纤维蛋白质不易消化,赖氨酸利用率低。血粉中异亮氨酸很少,蛋氨酸偏低,因此氨基酸不平衡。不同动物的血粉成分也不同,混合血的血粉质量优于单一血粉。血粉含钙、磷较低,磷的利用率高。微量元素中含铁量可高达2 800毫克/千克,其他微量元素含量与谷实饲料相近。由于血粉的利用率很低,目前很多厂家将血粉膨化以提高其利用率,效果较好。但是由于血粉味苦,适口性差,氨基酸极不平衡,喂量4%~8%。仔猪不宜饲喂血粉。

④羽毛粉　水解羽毛粉含粗蛋白质84%以上,粗脂肪2.5%,粗纤维1.5%,粗灰分2.8%,钙0.40%,磷0.70%。蛋白质中胱氨酸含量高,达3%~4%,异亮氨酸也高,达5.3%,但蛋氨酸、赖氨酸、色氨酸和组氨酸含量很低。羽毛粉的氨基酸利用率很差,变异幅度较大,因而蛋白质品质差。羽毛粉的饲用价值很低,主要用于补充含硫氨基酸需要量,且需与含赖氨酸、蛋氨酸、色氨酸高的其他蛋白质饲料混合使用。

⑤蚕蛹粉　蚕蛹粉蛋白质含量高,平均约56%,赖氨酸3%,蛋氨酸1.5%,色氨酸可高达1.2%,比进口鱼粉高出1倍。蚕蛹粉的另一特点是脂肪含量高,达20%~30%,磷含量丰富,为0.76%,是钙的3.5倍。蚕蛹粉还富含B族维生素。在猪日粮中蚕蛹粉主要用于补充氨基酸和能量。

(3)微生物蛋白质饲料　这类饲料主要是饲料酵母等。

①营养特点　饲料酵母是利用工业废水、废渣等为原料,接种酵母菌,经发酵干燥而成的单细胞蛋白质饲料。饲料酵母含蛋白质、脂肪低,粗纤维和灰分含量取决于酵母来源。氨基酸中,赖氨酸含量高,蛋氨酸低。酵母粉中B族维生素含量丰富,矿物质中钙低、磷高、钾含量高(表2-3)。饲料酵母的应用效果受日粮类型和酵母种类的影响。日粮中的酵母用量不宜过高,否则影响适口

性、破坏日粮氨基酸平衡、增加日粮成本、降低猪生产性能。

②饲料酵母饲用应注意的问题　目前市场上销售的"饲料酵母"大多数是固态发酵生产的,确切一点讲,应称为"含酵母饲料",这是以玉米蛋白粉等植物蛋白质饲料作培养基,经接种酵母菌发酵而成,这种产品中真正的酵母菌体蛋白含量很低,大多数蛋白仍然以植物蛋白形式存在,其蛋白质品质较差,使用时应与饲料酵母加以区别。

表2-3　饲料酵母主要养分含量　(%)

成　分	啤酒酵母	石油酵母	纸浆废渣酵母
水　分	9.3	4.5	6.0
粗蛋白质	51.4	60.0	46.0
粗脂肪	0.6	9.0	2.3
粗纤维	2.0	—	4.6
粗灰分	8.4	6.0	5.7

5. 矿物质饲料　矿物质饲料是补充动物矿物质需要的饲料。它包括人工合成的、天然单一的和多种混合的矿物质饲料,以及配合在载体中的痕量、微量、常量元素补充料。在各种植物性和动物性饲料中都含有动物所必需的矿物质,但往往不能满足动物生命活动的需要量,因此应补充所需的矿物质饲料。

(1)常量矿物质补充料

①含氯、钠饲料　钠和氯都是猪需要的重要元素,常用食盐补充,食盐中含氯60%、含钠40%,碘盐还含有0.007%的碘。研究表明,食盐的补充量与动物种类和日粮组成有关。饲料用盐多为工业盐,含氯化钠在95%以上。食盐不足可引起食欲下降,采食量降低,生产性能下降,并导致异食癖。食盐过量时,只要有充足的饮水,一般对猪健康无不良影响,但若饮水不足,可出现食盐中毒。使用含盐量高的鱼粉、酱渣等饲料时应注意调整日粮食盐添

加量。

②含钙饲料　主要有石粉、石膏、蛋壳和贝壳粉。

石粉：主要是指石灰石粉，为天然的碳酸钙。石粉中含纯钙35%以上，是补充钙最廉价、最方便的矿物质饲料。品质良好的石灰石粉与贝壳粉，必须含有约38%的钙，而且镁含量不可超过0.5%，只要铅、砷、氟的含量不超过安全系数，都可用于猪饲料。

石膏：石膏（$CaSO_4 \cdot 2H_2O$）为灰色或白色结晶性粉末，有两种产品，一种是天然石膏的粉碎产品，另一种是磷酸制造工业的副产品，后者常含有大量的氟，应予注意。石膏的含钙量为20%～30%，变动较大。此外，大理石、熟石灰、方解石、白垩石等都可作为猪的补钙饲料。

蛋壳和贝壳粉：新鲜蛋壳与贝壳（包括蚌壳、牡蛎壳、蛤蜊壳、螺蛳壳等）烘干后制成的粉含有一些有机物，如蛋壳粉含粗蛋白质量达12.42%，含钙量达24.4%～26.5%，因此用鲜蛋壳制粉应注意消毒以防蛋白质腐败，甚至带来传染病。贝壳也有同样的问题，但海滨堆积多年的贝壳，其内部有机质已消失，是良好的碳酸钙饲料，一般含碳酸钙96.4%，折合含钙量38.6%。

微量元素预混料常使用石粉或贝壳粉作为稀释剂或载体，而且所占配比很大，配料时应把它的含钙量计算在内。

③含磷饲料　为了补充有效的无机磷，常用磷酸盐，如磷酸的钙盐和钠盐，它们是用磷矿石或磷酸制成的，由于其中所含矿物质元素比含钙饲料复杂，因此与含钙饲料不同，补饲本类饲料往往引起两种矿物质数量同时变化。常见的含磷饲料见表2-4。

表2-4 几种含磷饲料的成分

含磷矿物质饲料	含磷（%）	含钙（%）	含钠（%）	含氟（毫克/千克）
磷酸氢二钠 Na_2HPO_4	21.81	—	32.38	—
磷酸氢钠 NaH_2PO_4	25.80		19.15	
磷酸氢钙 $CaHPO_4 \cdot 2H_2O$	18.97	24.32	—	816.67
磷酸氢钙 $CaHPO_4$（化学纯）	22.79	29.46		
过磷酸钙 $Ca(H_2PO_4)_2 \cdot H_2O$	26.45	17.12	—	—
磷酸钙 $Ca_3(PO_4)_2$	20.00	38.70		

④钙、磷饲料 猪常用的钙、磷补充饲料有骨粉和磷酸氢钙。骨粉是以家畜骨骼为原料,经蒸汽高压蒸煮灭菌后,粉碎制成的产品。骨粉含钙24%～30%,磷10%～15%。骨粉品质因加工方法而异,选用时应注意磷含量和防止腐败。磷酸氢钙又称为磷酸二钙,为白色或灰白色粉末,含钙量不低于23%,磷不低于18%,铅含量不超过50毫克/千克,氟含量不宜超过0.18%。磷酸氢钙的钙、磷利用率高,是优质的钙、磷补充料。猪日粮中使用磷酸氢钙不仅要控制其钙、磷含量,尤其是注意含氟量。猪日粮中所用钙、磷补充料,在选用或选购时应考虑下列因素:纯度、有害元素含量、物理形态(如比重、细度)等,钙、磷利用率和价格等,以单位可利用量的单价最低为选购原则。

(2)微量矿物质补充料 多为化工生产的各种微量元素的无机盐类和氧化物。近年来,微量元素的有机酸盐和螯合物以其生物效价高和抗营养干扰能力强而受到重视。常用的补充微量元素类有铁、铜、锰、锌、钴、碘、硒等。

①含铜饲料 碳酸铜[$CuCO_3 \cdot (OH)_2$]、氯化铜($CuCl_2$)、硫酸铜($CuSO_4$)等皆可作为铜补充饲料。硫酸铜不仅生物学效价高,同时还具有类似抗生素的作用,饲用效果较好,应用比较广泛,

但其易吸湿返潮,不易拌匀,饲料用的硫酸铜有五水和一水两种,细度要求通过 200 目筛。

②含碘饲料 比较安全常用的含碘化合物有碘化钾(KI)、碘化钠(NaI)、碘酸钠(NaIO₃)、碘酸钾(KIO₃)、碘酸钙[Ca(IO₃)₂]。前几种碘化物不够稳定,易分解而引起碘的损失。碘酸钙在水中的溶解度较低,也较稳定,生物效价和碘化钾近似,在国外常被应用,在我国多用碘化钾。

③含铁饲料 硫酸亚铁(FeSO₄·H₂O)、碳酸亚铁(FeCO₃·H₂O)、三氯化铁(FeCl₃·7H₂O)、柠檬酸铁铵[Fe(NH₃)C₆H₈O₇]、氧化铁(Fe₂O₃)等都可作为含铁的饲料,其中硫酸亚铁的生物学效价较好,氧化铁最差。含 7 个结晶水的硫酸亚铁(FeSO₄·7H₂O)含铁 20.1%,因吸湿性强易结块,不易与饲料拌匀,使用前需脱水。含 1 个结晶水的硫酸亚铁(FeSO₄·H₂O)含铁约 33%,经过专门的烘干焙烧,过 20 目筛后可作为饲料用,最低含铁 31%。硫酸亚铁对营养物质有破坏作用,在消化、吸收过程中常使理化性质不稳定的其他微量化合物的生物效价降低。

④含锰饲料 碳酸锰(MnCO₃)、氧化锰(MnO)、硫酸锰(MnSO₄·5H₂O)都可作为含锰的饲料。氧化锰由于烘焙条件不同,纯度不一,含锰量可变动于 55%~75%,一般饲料级的含锰量多在 60% 以下,呈绿色。其他品种的锰化合物价格都比氧化锰高,所以氧化锰的用量也较大。饲料用氧化锰的细度要求通过 100 目筛,最低含锰 60%。

⑤含硒饲料 硒既是猪营养所必需的微量元素,又是有毒物质,根据报道超量投喂有致癌作用。补硒一般以亚硒酸钠的形式添加。亚硒酸钠是有毒的,必须由专业人员配合处理,添加量有严格限制,一定要均匀配合到饲料中。必须以硒预混料的形式添加,这种预混合料的硒含量不得超过 200 毫克/千克,每吨饲料中添加量不得超过 0.5 千克(其中硒含量不超过 100 毫克)。

⑥含锌饲料　氧化锌（ZnO）、碳酸锌（$ZnCO_3$）、硫酸锌（$ZnSO_4$）均可作为含锌的饲料。氧化锌的含量为 70%～80%，比硫酸锌含锌量高 1 倍以上，价格也比硫酸锌便宜，但生物学效价低于硫酸锌。饲料用的氧化锌细度要求 100 目。

（3）天然矿物质饲料资源的利用　一些天然矿物质，如麦饭石、沸石、膨润土等，它们不仅含有常量元素，还富含微量元素，并且由于这些矿物质结构的特殊性，所含元素大都具有可交换性或溶出性，因而容易被动物吸收利用。研究证明，向饲料中添加麦饭石、沸石和膨润土可以提高猪的生产性能。

①麦饭石　其主要成分为氧化硅和氧化铝，另外还含有动物所需的矿物元素，如铅、磷、镁、钠、钾、锰、铁、钴、铜、锌、钒、钼、硒和镍等，而有害物质铅、镉、砷、汞和六价铬都低于世界卫生组织建议的标准及有关文献值。麦饭石具有溶出和吸附两大特性，能溶出多种对猪有益的微量元素，吸附对猪有害的物质如铅、镉和砷等，可以净化环境。

②沸石　天然沸石是碱金属和碱土金属的含水铝硅酸盐类，主要成分为氧化铝，另外还含有动物不可缺少的矿物元素，如钠、钾、铅、镁、钒、铁、铜、锰和锌等，沸石含的有毒元素铅、砷都在安全范围内。天然沸石的特性是具有较高的分子空隙度，良好的吸附性，离子交换及催化性能。

③膨润土　膨润土的特征是阳离子交换能力很强，具有非常显著的膨胀和吸附性能。膨润土有磷、钾、铜、铁、锌、锰、硅、钼和钒等动物所需的常量和微量元素，由于膨润土具有很强的离子交换性，这些元素容易交换出来为动物所利用，因此膨润土可以作为动物的矿物质饲料加以利用。根据掌握的资料，膨润土作为动物添加剂的报道最早见于 1975 年。

6. 维生素饲料　来源于动、植物的某些饲料富含某些维生素，如鱼肝富含维生素 A、维生素 D，种子的胚富含维生素 E，酵母富含 B 族维生素,水果与蔬菜富含维生素 C,但这都不划为维生素类。只有经加工提取的浓缩产品和直接化学合成的产品方属本类。鱼肝油、胡萝卜就是来自天然动、植物的提取产品,属于此类的多数维生素是人工合成的产品。

由于各种维生素化学性质不同,生理营养功能各异,所以还不能对十几种维生素进行科学分类。目前,依其溶解性将维生素分成 2 类:脂溶性维生素和水溶性维生素。前者包括维生素 A、维生素 D、维生素 E、维生素 K,后者包括全部 B 族维生素和维生素 C。脂溶性维生素只有碳、氢、氧 3 种元素,而水溶性维生素有的还有氮、硫和钴(表 2-5)。

表 2-5　猪常用的维生素饲料

种　类	外　观	粒　度（个/克）	含　量	容　重（克/毫升）	水溶性	重金属（毫克/千克）	水　分（%）
维生素 A乙酸酯	浅黄色至红褐色球状颗粒	10万~100万	50万单位/克	0.6~0.8	在水中弥散	<50	<5.0
维生素 D_3	奶油色细粉	10万~100万	10万~50万单位/克	0.4~0.7	在温水中弥散	<50	<7.0
维生素 E乙酸酯	白色或浅黄色细粉或球状颗粒	100万	50%	0.4~0.5	吸附制剂不能在水中弥散	<50	<7.0
维生素 K_3（MSB）	浅黄色粉末	100万	50%甲萘醌	0.55	溶于水	<20	—
维生素 K_3（MSBC）	白色粉末	100万	50%甲萘醌	0.65	在温水中弥散	<20	—

续表 2-5

种 类	外 观	粒 度（个/克）	含 量	容 重（克/毫升）	水溶性	重金属（毫克/千克）	水 分（%）
维生素 K_3（MPB）	灰色至浅褐色粉末	100万	50%甲萘醌	0.45	溶于水的性能差	<20	—
盐酸维生素 B_1	白色粉末	100万	98%	0.35~0.4	易溶于水,有亲水性	<20	<1.0
硝酸维生素 B_1	白色粉末	100万	98%	0.35~0.4	易溶于水,有亲水性	<20	—
维生素 B_2	橘黄色至褐色细粉	100万	96%	0.2	很少溶于水	—	<1.5
维生素 B_6	白色粉末	100万	98%	0.6	溶于水	<30	<0.3
维生素 B_{12}	浅红色至浅黄色粉末	100万	0.1%~1%	—	溶于水	—	—
泛酸钙	白色至浅黄色粉末	100万	98%	0.6	易溶于水	—	—
叶 酸	黄色至橘黄色粉末	100万	97%	0.2	水溶性差	—	<8.5
烟 酸	白色至浅黄色粉末	100万	99%	0.5~0.7	水溶性差	<20	<0.5
生物素	白色至浅黄色粉末	100万	2%	—	溶于水或在水中弥散	—	—
氯化胆碱（液态）	无 色	—	70%~78%	—	易溶于水	<20	—

续表 2-5

种　类	外　观	粒度（个/克）	含　量	容　重（克/毫升）	水溶性	重金属（毫克/千克）	水　分（%）
氯化胆碱（固态）	白色至褐色粉末	—	50%	—	—	<20	<30
维生素 C	白色至浅黄色粉末	—	99%	0.5~0.9	溶于水	—	—

对于微量矿物质饲料、维生素饲料及一些非营养性添加剂都由厂家制成复合添加剂形式或加入预混料、浓缩料中，可以根据使用说明配合饲料，一般不自行添加。

7. **块根、块茎及瓜果类饲料**　块根块茎类饲料包括胡萝卜、甘薯、木薯、饲用甜菜、芜菁甘蓝（灰萝卜）、马铃薯、菊芋块茎、南瓜及番瓜等。

营养特性：根茎、瓜类最大的特点是水分含量很高，达 75%~90%，去籽南瓜达 93%，相对的干物质含量很少，单位重量鲜饲料中所含的营养成分低。就干物质而言，它们的粗纤维含量较低，无氮浸出物含量很高，达 67.5%~88.1%，而且大多数是易消化的糖分、淀粉或五聚糖，故它们含有的消化能较高，每千克干物质含有13.81~15.82 兆焦的消化能。但是它们也具有能量饲料的一般特点，如甘薯、木薯的粗蛋白质含量只有 3.3%~4.5%，而且其中有相当大的比例是属于非蛋白质态的含氮物质。一些主要矿物质与某些 B 族维生素的含量也不够，南瓜中核黄素含量可达 13.1 毫克/千克，这是难得的。甘薯和南瓜中均含有胡萝卜素，特别是胡萝卜素含量达 430 毫克/千克。此外，块根、块茎饲料中还富含钾盐。

（1）**甘薯**　甘薯，又名番薯、地苕、地瓜、红芋、红（白）薯等，是我国种植最广、产量最大的薯类作物,甘薯块多汁,富含淀粉,是很好的能量饲料。用甘薯喂猪,在其育肥期,有促进消化、蓄积体脂的效果。鲜甘薯含水量约70%,粗蛋白质含量低于玉米。鲜喂时(生的、熟的或者青贮),其饲用价值接近于玉米,甘薯干与豆饼或酵母混合作基础饲料时,其饲用价值相当于玉米的87%。生的和熟的甘薯其干物质和能量的消化率相同。但熟甘薯蛋白质的消化率几乎为生甘薯的1倍。甘薯忌冻,必须贮存在13℃左右的环境下比较安全,当温度高于18℃,相对湿度为80%会发芽。黑斑甘薯味苦,含有毒性酮,应禁用。为便于贮存和饲喂,甘薯块常切成片,晾晒制成甘薯干备用。

(2)**马铃薯** 马铃薯又叫土豆、地蛋、山药蛋、洋芋等,其茎叶可作青贮饲料,块茎干物质中80%左右是淀粉,它的消化率对各种动物都比较高。用马铃薯可生喂猪。在马铃薯植株中含有一种配糖体,叫作茄素(龙葵素),是有毒物质,但只有在块茎贮藏期间经日光照射变成绿色以后茄素含量增加时,才有可能发生中毒现象。

(3)**胡萝卜** 胡萝卜可列入能量饲料内,但由于它的鲜样中水分含量多、容积大,因此在生产实践中并不依赖它来供给能量。它的重要作用主要是在冬季作为多汁饲料和供给胡萝卜素。由于胡萝卜中含有一定量的蔗糖及它的多汁性,在冬季青饲料缺乏时,日粮中可加一些胡萝卜改善日粮口味,调节消化功能。

(4)**饲用甜菜** 甜菜作物,按其块根中的干物质与糖分含量,可大致分为糖甜菜、半糖甜菜和饲用甜菜3种。其中,饲用甜菜大量种植,总收获量高,但干物质含量低,为8%~11%,含糖约1%。饲用甜菜喂猪时喂量不宜过多,也不宜单一饲喂。刚收获的甜菜不宜马上投喂,否则易引起腹泻。

8. **液体能量饲料** 液体能量饲料包括动物脂肪、植物油和油脚(榨油的副产物)、制糖工业的副产品——糖蜜和乳品加工的副产物——乳清等。

(1)动物脂肪　屠宰厂通常将检验不合格的胴体及脏器和皮脂等高温处理所得制品。动物脂肪除工业用途外也是一种高能饲料。动物脂肪在常温下凝固,加热则熔化成液态。动物脂肪含代谢能达35兆焦/千克,约为玉米的2.52倍,添加脂肪可提高日粮的能量水平,并改善适口性,还能减少粉料的粉尘。猪日粮中动物脂肪可占6%~8%,动物脂肪的营养作用单纯,除提供一定数量不饱和脂肪酸(占脂肪的3%~5%)外,主要是提高日粮的能量水平。用脂肪作能源饲料,可降低体增热(HI),减少猪炎热气候下的散热负担,夏天预防热应激。

(2)植物油　绝大多数植物油脂常温下都是液态。最常见的是大豆油、菜籽油、花生油、棉籽油、玉米油、葵花籽油和胡麻油。植物油脂和动物脂肪的差别在于含有较多的不饱和脂肪酸(占油脂的30%~70%),与动物脂肪相比,植物油含有效能值稍高,代谢能可达37兆焦/千克。植物油脂主要供人食用,也用作食品和其他工业原料,只有少量用于饲料。

(3)糖蜜　甜菜制糖业的副产品——甜菜渣的数量很大,是养猪的好饲料。特别是在我国北方,甜菜制糖业发展很快,应充分利用这个饲料资源。甜菜渣按干物质计算,粗纤维的含量显著提高,为20%左右;无氮浸出物含量较高,约62%;可消化粗蛋白质的含量较低,仅约4%;钙、磷的含量较低,特别是磷的含量很低,钙、磷比例不当。甜菜虽经榨糖,但甜菜渣中仍保留了一部分糖分。由于甜菜渣的能量含量较高,但蛋白质含量较低,维生素、钙、磷含量不足,特别是钙、磷比例不当,为了提高甜菜渣的饲养效果,配合日粮时应补充这些养分。

(4)乳清　乳清是乳品加工厂生产乳制品(奶酪、酪蛋白)的液体副产物。其主要成分是乳糖残留的乳清,乳脂所占比例较小。乳清含水量高,不适于直接作配合饲料原料。乳清经喷雾干燥后制得的乳清粉是乳猪的良好调养饲料,已成为代乳饲料中必不可少的组分,但乳清粉吸水性强,加工时应特别注意。

9. **其他** 主要是干燥的面包房产品,这类产品是由面包房制作糖果、坚果等得到的。尽管其数量很少,但所含的能量大部分来源于淀粉、蔗糖和脂肪,所以是一种非常好的饲料。众多的未利用的面包房产品给猪提供了相当优良的饲料。

(四)猪的饲养标准

1. 饲养标准

(1)**概念** 猪的饲养标准也称营养需要量。是根据养猪生产实践中积累的经验,结合物质能量代谢试验和饲养试验,科学地制定出各生产阶段不同生产性能、不同生产目的的猪,每头每日应给予的能量和各种营养物质的数量。饲养标准以表格形式列出各阶段猪对各种营养物质的需要。饲养标准中规定的各种营养物质的需要量,是通过猪采食各种饲料来体现的。因此,为方便养猪生产中实际应用,饲养标准中各营养物质的需要量除了以每头猪每日需要的绝对量来表示外,还根据动物的假定采食量,列出配方中各营养物质的相对百分含量以供参考。

(2)**正确应用饲养标准** 饲养标准是在科学试验和总结实践经验基础上制定的,所以它具有一定的科学性,对养猪生产具有指导性。只有正确应用饲养标准,结合各地饲料资源状况,制定出科学合理的饲料配方,才能做到科学饲养,在保证畜禽健康的前提下充分发挥其生产性能,降低生产成本。饲养标准在配方设计和养猪生产中起着非常重要的作用。

但是,同时又应该认识到饲养标准是在一定的条件下制定的,它所规定的各种营养物质的数量,是根据许多试验研究结果的平均数据提出来的,只是一个概括的平均数,不可能完全符合每一个群体的需要;而且,各个地方所饲养猪的品种、环境条件、生产水平、健康状况均不完全相同,甚至相差很大。因此,必须因地制宜,灵活应用,适当调整,以求饲养标准更接近于实际。饲养标准规定的指标并不是一成不变的,它将根据猪品种的改良、生产水平的提高,与猪营养及饲养相关科学的发展而不断地进行修订、充实和完善。

(3)国内外猪饲养标准介绍　我国第一版猪饲养标准 NY/T 65—1987 是在东北农业大学许振英教授牵头,联合原北京农业大学、中国农科院畜牧研究所等 11 家单位,历经 10 年完成的,实现了我国猪的营养标准从"无"到"有",营养指标由少数到多数。第二版猪饲养标准 NY/T 65—2004 的修订是由中国农业大学李德发教授牵头,联合中国农科院畜牧研究所、四川农业大学、广东省农科院畜牧研究所等单位共同完成的。农业部于 2004 年 8 月发布。我国现行的饲养标准,对一些主要的营养指标,如能量、粗蛋白质、赖氨酸、微量元素等进行了试验,总结出一个较为适宜的平均值进行推荐,一些未进行试验的营养指标,则借用参考国际上正式的标准。

国际上许多国家均有各自的猪饲养标准,如美国国家标准 NRC(Nmi-onal Research C,ouncil)、英国国家标准 ARC(Agricultural Rescarch Council)、日本饲养标准、原苏联饲养标准等。NRC 每 10 年公布 1 次,猪饲养标准目前使用 NRC 2012 版(第十一版)。NRC 是针对美国国内研究条件下,能得到猪最佳生产性能的最低营养需要量。这些数据没有为各场实际养猪生产环境、饲料生产中营养价值的损耗、原料质量的变异等留有余地,因此在参考应用时需增加一些"保险系数",稍稍提高养分水平,以便使猪场即使出现一些问题的情况下仍能表现出较好的生产水平。此外,一些发达国家的大型饲料公司、种猪场及大学也都有其各自的饲养标准。种猪公司和饲料公司提出的养分推荐量一般会高于实际生产需要,这可保证它们产品的竞争力,而各大学提出的饲养标准一般比实际应用水平低。因为大学的数据是建立在实验基础上的,其饲养条件受严格调控,圈舍大小、食槽和饮水器数量、猪健康状况等均是较佳的,而且参加试验猪的遗传潜能均很好。因此,在确定配制饲料配方时所采用的饲养标准必须综合考虑各场的实际情况,灵活应用。

2. 饲料成分及营养价值表　关于饲料成分及营养价值表,我国于1990年颁布第一版,之后每年修订1次,至2005年已颁布了第16版。中国饲料成分及营养价值表主要包括饲料常规成分、有效能值、氨基酸含量、矿物质及维生素含量、猪饲料氨基酸回肠真消化能率、鸡饲料氨基酸真消化能率、常量矿物质饲料原料中矿物元素的含量、无机来源的微量元素和估测的生物学利用率8个分表。

中国饲料成分及营养价值表经国家多次修订,已日臻完善。然而,中国地域广阔,不同的产地、加工方法都影响原料营养成分。在设计配方时,应在参照中国饲料成分及营养价值表的基础上,结合原料抽样实测指标(水分、粗蛋白质、钙、磷、赖氨酸、灰分等)来调整有关营养成分,建立适合本地区(本场)的营养成分表,使配方设计、营养成分计算更符合实际生产需要。

我国猪采用农业行业标准——猪饲养标准 NY/T 65—2004,可以购买或从有关网站下载。猪通用饲养标准见表2-6。

表2-6　猪通用饲养标准

生产阶段　　营养需要	乳猪0～7千克	7～15千克	15～30千克	30～60千克	60～90千克	妊娠母猪	哺乳母猪
消化能(兆焦/千克)	14.21	14.21	13.79	13.38	13.38	12.96	12.96
粗蛋白质(%)	26	21	18	16	15	14	16

续表 2-6

生产阶段\n\n营养需要	乳猪 0~\n7 千克	7~15\n千克	15~\n30 千克	30~\n60 千克	60~\n90 千克	妊娠\n母猪	哺乳\n母猪
钙(%)	1.0	0.8	0.7	0.6	0.6	0.75	0.75
磷(%)	0.7	0.65	0.6	0.5	0.5	0.6	0.6

(五)猪的饲料配制

猪的饲料配制,首先,考虑应满足各类猪的营养需要,其次结合各类饲料原料的特点、含量,考虑适口性和消化吸收情况,还要顾及饲料原料的价格。

根据猪的营养需要和饲料营养成分含量,先设计、制定饲料配方,然后备足各种原料,如玉米、豆粕、麦麸、米糠、预混料或浓缩料等,利用粉碎机、搅拌机按工艺加工成粉料,必要时进行饲料的制粒(比如饲喂仔猪、育成猪等)。

配方设计是饲料生产的核心技术,也是动物营养学与饲养有机结合的结晶。饲料配方的设计水平不仅关系到企业的效益和形象,甚至关系到一个地区乃至整个国家饲料资源的合理利用与畜牧业生产的可持续发展。设计科学合理的饲料配方,不仅需要在微观上谨慎考虑养殖动物的营养需要、安全卫生,而且从宏观上还要考虑该地区乃至国家整体的饲料资源耗竭与不可逆转性的预防等生态效益问题。因此,只有把饲料配方的目标放在经济效益、社会效益与生态效益的结合点上,充分考虑品种、性别、日龄、体重、饲喂条件、饲喂方式等影响饲粮配制效果的因素,才能设计出具有合理利用同种饲料资源、提高产品质量、降低饲养成本的高质量饲料配方。饲料配方应当由富有专业知识和专业经验的专业技术人员来制定。

(六)猪的饲料生产

现代规模猪场、小型猪场都需要有自己的饲料场或车间,有些猪场可以专门设立饲料厂,不一定要设在猪场中,但要方便饲料供应。饲料厂规模有大有小,可以根据猪场需要设置,但有些猪场进行"公司+农户"运作方式,一般要考虑对外供应,所以设计上应考虑产量和规模。一般饲料厂都有严密而专门的一套组织机构和设备,组织机构中有管理人员、销售人员和生产人员。设备厂房起码要有饲料加工混合机械、运输车辆、生产车间、原料、产品库房。可以在满足本猪场需求情况下对外销售一定量的饲料。以下仅简单介绍饲料配制流程。

1. **猪饲料的分类与生产工艺**　目前,猪饲料大致可分为3种:一是添加剂型预混料,以多种矿物质原料、多种维生素及畜禽所需氨基酸和载体组成,不可直接喂猪。二是营养型浓缩饲料,以预混饲料和多种蛋白质原料合理搭配混合制成,不能直接喂猪。三是全价混合饲料:直接配制全价饲料或按照浓缩饲料配比适量的蛋白质饲料和能量饲料制成,可以直接饲喂猪。

饲料生产工艺流程:

选料→检验→配比称重→加工粉碎→预混合→制粒→产品→产品检验→包装入库→运往猪场或销售

(1)原料的接收

①散装原料的接收:以散装汽车、火车运输的,用自卸汽车经地磅称量后将原料卸到卸料坑。要注意原料含水量、杂质,做好入库记录。

②包装原料的接收:分为人工搬运和机械接收两种,注意原料生产日期、保质期、进场日期等,做好登记。

③液体原料的接收:瓶装、桶装,可直接由人工搬运入库,做好记录。

(2) **原料的贮存** 饲料中原料和物料的状态较多,必须使用各种形式的料仓,饲料厂的料仓有筒仓和房式仓两种形式。玉米、高粱等谷物类原料,流动性好,不易结块,多采用筒仓贮存;副料如麦麸、豆粕等粉状原料,散落性差,存放一段时间后易结块不易出料,采用房式仓贮存;添加剂、药品等按照出厂贮存要求严格保存,这些原料比较贵重,体积、重量较小,可以另设小料库,专人保管、称量出库。

(3) **原料的清理** 饲料原料中的杂质,不仅影响到饲料产品质量而且直接关系到饲料加工设备及人身安全,严重时可致整台设备遭到破坏,影响饲料生产的顺利进行,故应及时清除。饲料厂的清理设备以筛选和磁选设备为主,筛选设备除去原料中的石块、木块、泥块、麻袋片、麻绳等,大而长的杂物需人工及时清除,磁选设备主要去除铁质杂质。

(4) **原料的粉碎** 饲料的粉碎工艺流程根据粒度要求、饲料的品种等条件而定。按原料粉碎次数,可分为一次粉碎工艺和循环粉碎工艺或二次粉碎工艺。按与配料工序的组合形式可分为先配料后粉碎工艺和先粉碎后配料工艺。

(5) **配料工艺** 目前,常用的工艺流程有人工添加配料、容积式配料、一仓一秤配料、多仓数秤配料、多仓一秤配料等。

①人工添加配料 人工控制添加配料,适用于小型饲料加工厂和饲料加工车间。这种配料工艺是将参加配料的各种组分由人工称量,然后由人工倾倒入混合机中。因为全部采用人工计量、人工配料,工艺极为简单,设备投资少、产品成本降低、计量灵活、精确,但人工的操作环境差、劳动强度大、劳动生产率很低,尤其是操作工人劳动较长的时间后,容易出差错。

②容积式配料 每只配料仓下面配置1台容积式配料器。

③一仓一秤配料,多仓一秤配料,多仓数秤配料 将所计量的物料按照其物理特性或称量范围分组,每组配上相应的计量装置。

（6）**混合工艺** 可分为分批混合和连续混合 2 种。

①分批混合工艺 就是将各种混合组分根据配方的比例混合在一起，并将它们送入周期性工作的"批量混合机"分批进行混合。这种混合方式改换配方比较方便，每批之间的相互混杂较少，是目前普遍应用的一种混合工艺，启闭操作比较频繁，因此大多采用自动程序控制。

②连续混合工艺 是将各种饲料组分同时分别地连续计量，并按比例配合成一股含有各种组分的料流，当这股料流进入连续混合机后，则连续混合而成一股均匀的料流。这种工艺的优点是可以连续进行，容易与粉碎及制粒等连续操作的工序相衔接，生产时不需要频繁地操作，但是在换配方时，流量的调节比较麻烦而且在连续输送和连续混合设备中的物料残留较多，所以两批饲料之间的互混问题比较严重。

混合后的饲料根据用途分别包装入库出售，如有需要可以制作颗粒饲料。

（7）**制粒工艺**

①调质 调质是制粒过程中最重要的环节。调质的好坏直接决定着颗粒饲料的质量。调质目的是将配合好的干粉料调质成具有一定水分、一定湿度、利于制粒的粉状饲料。目前，我国饲料厂都是通过加入蒸汽来完成调质过程。

②制粒 包括环模制粒和平模制粒。

环模制粒：调质均匀的物料先通过保安磁铁去杂，然后被均匀地分布在压辊和压模之间，这样物料由供料区、压紧区进入挤压区，被压辊钳入模孔连续挤压分开，形成柱状的饲料，随着压模回转，被固定在压模外面的切刀切成颗粒状饲料。

平模制粒：混合后的物料进入制粒系统，位于压粒系统上部的旋转分料器均匀地把物料撒布于压模表面，然后由旋转的压辊将物料压入模孔并从底部压出，经模孔出来的棒状饲料由切辊切成需要的长度。

③冷却、干燥　在制粒过程中由于通入高温、高湿的蒸汽,同时物料被挤压产生大量的热,使得颗粒饲料刚从制粒机出来时,含水量达 16%~18%,温度高达 75℃~85℃。在这种条件下,颗粒饲料容易变形破碎,贮藏时也会产生黏结和霉变现象,必须使其水分降至 14% 以下,温度降低至比气温高 8℃ 以下,这就需要冷却、干燥。

④膨化破碎　根据动物种类、生长阶段不同,需要将粉料膨化或制粒后破碎。在颗粒机的生产过程中为了节省电力,增加产量,提高质量,往往是将物料先制成一定大小的颗粒,然后再根据畜禽饲用时的粒度用破碎机破碎成合格的产品。

⑤筛分　颗粒饲料经粉碎工艺处理后,会产生一部分粉末凝块等不符合要求的物料,因此破碎后的颗粒饲料需要筛分成颗粒整齐、大小均匀的成品。

第三章

猪场的生产流程和设施

饲养员应当了解一下猪场的生产流程,知道自己所在岗位的重要性。对一些常用设施设备也应当有一个初步的认识,知道使用和保护猪场的设施。

一、猪场的生产流程

(一)中小型猪场的生产流程

中小型猪场可以根据饲养要求分为 3 类,即自繁自养型、仔猪育肥型和种猪繁育型,实际上,后两者是第一种类型的两个阶段。

仔猪育肥型就是购买断奶仔猪,进行育肥,达到 90~100 千克时视价格情况适时销售给屠宰场,比较简单。

种猪繁育型是通过选种选配,生产种用公、母猪。此处只详细介绍自繁自养型,另两种可以依此类推。自繁自养型小型养猪场一般可将饲养全过程分为 4 个阶段:空怀与妊娠母猪阶段,母猪产仔哺乳阶段,断奶仔猪保育阶段,生长育肥阶段。这 4 个阶段是按生产过程划分的,每个阶段都有相应的饲养时间、饲料种类、小环境要求和管理规程等。

1. **空怀与妊娠母猪阶段** 此阶段一般采取分栏小群饲养,每栏 4~5 头母猪,现在为了猪的福利,已经不再提倡单体限位栏饲养母猪,国内外科学家研制了自动化母猪饲喂站,每站可以同时喂养 50~60 头母猪,用一些专用设施监控和自动管理母猪的采食、发情等。在此阶段母猪要完成配种,并度过妊娠期。待配与配种完成需 7~10 天,妊娠期在此饲养 105~107 天,提前 1 周左右进入产房。

2. **母猪产仔哺乳阶段** 母猪临产前 1 周转入产房,在此阶段完成产仔、哺乳及断奶的过程,哺育期 4~5 周,有的早期断奶的猪场仅 3 周。母猪在此饲养 4~6 周。母、仔猪断奶分离后,母猪转入母猪舍,参加下一周期的配种,仔猪停留 1 周后转入仔猪保育舍。此处具体实施时要计算好母猪的栏数及产仔、保育栏数。

3. **断奶仔猪保育阶段** 此阶段猪舍要求较好的温度、通风和卫生条件。仔猪在保育舍饲养 4~5 周、体重达到 20 千克以上,对外界环境有较强的适应能力时,转入育肥猪舍育肥出栏。

4. **生长育肥阶段** 达到要求体重的仔猪由仔猪舍转入育肥猪舍,按要求饲养 15~16 周,体重达到 90~100 千克时出栏。

(二)大型猪场的生产流程

要形成生产万头肉猪的猪场,必须具备 500 头以上的纯种或杂交母猪及后备母猪(以我国目前普通水平,平均每头母猪 1 年提供仔猪 15~20 头计算),20~30 头瘦肉型公猪及后备公猪,以保证猪场达到自繁自养。配种以自然交配为主或以人工授精为主,两种配种方式公猪饲养量不一样,后者可以大幅减少饲养公猪量。

生产工艺流程:

配种→妊娠→分娩→保育→生长→育成→销售

每个阶段都必须有计划、有节奏地进行,尽力保证每个环节都使用全进全出的生产工艺,便于清洁卫生和兽医防疫消毒,有利于生产的顺利发展,体现了集约化、专业化、商品化生产的特点(图3-1)。

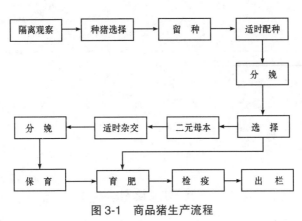

图 3-1 商品猪生产流程

妊娠 114 天,分娩哺乳 4 周,仔猪留栏 1 周,保育 4 周,生长栏 4 周,育成栏 12 周。配种妊娠母猪可以部分进入限位栏,建议大部分还是在小群体栏或智能母猪饲喂栏饲养。分娩母猪都采用个体限位产仔床栏饲养,能防止母猪压死小猪。保育栏是一个全金属结构栏,栏面是全钢的漏缝地板,或上面覆以塑料漏缝底板,粪尿能很便利地流入水沟去,保持栏舍内的干燥清洁。随后到生长栏、育成栏(地面平养),育肥达标后出栏。

规模化养猪场的生产是从配种、分娩、保育、生长、育肥到销售形成一条连续流水生产线,各生产阶段都是有计划、有节奏不间断地进行,均衡地为市场提供商品猪肉。生产程序有五段和四段之分。

分段制管理生产流程为:

①妊娠期 配种到妊娠分娩前母猪,共 17~18 周(包括空怀期)。

②哺乳期 产仔哺乳期 4~5 周(28~35 天断奶,仔猪断奶后

在产仔舍留1周)。

③保育期 仔猪断奶后5~6周,分栏饲养,一般每栏10头左右。

④生长育肥期 12~16周,实行分栏饲养,一般每栏10头左右。

仔猪从出生到出栏全程为22~25周。这种生产流程大都以周为单位,每周分别有一群母猪配种、分娩、断奶、转群及育肥猪出栏,连续不断。四段制生产流程将生长和育肥并为一段,减少了育肥猪的转群,较为方便可行。

二、猪场设备和设施

猪场有大小之分,猪舍也有好差、大小之分。按照建筑类型和结构,猪舍分为开放式、半开放式、塑料棚舍、砖混式、塑钢式等;按照顶棚类型有石棉瓦式、砖瓦式、彩钢瓦顶式等。猪场除必要的管理办公设施和供水、供电、供暖、供饲料、处理粪污设施外,生产区猪舍有妊娠母猪舍、公猪舍、产仔舍(产房)、保育舍、后备及育肥舍、病猪治疗隔离舍、引进猪隔离舍(远离猪场),赶猪通道、装猪台和通外道路,各类猪舍等都有不同的猪圈栏等设施。

(一)常见猪场和猪舍

用图3-2至图3-8展示猪场设施。

图 3-2 规模猪场场貌图

图 3-3 妊娠母猪舍内部图
（单体栏，目前猪栏趋于用
小群体栏或自动饲喂系统）

图 3-4 哺乳母猪舍内部及产仔床

图 3-5 保育舍内部及保育床

图 3-6　育肥舍内部图

图 3-7　农户塑料大棚半开放式猪舍

图 3-8　农户简易猪舍(冬天可以覆盖塑料薄膜)

（二）猪场内常用设备

猪场可根据自己的规模、资金和生产方向合理配套(表3-1)。

表3-1 猪场常用设施与设备名称及规格

名 称	规 格	备 注
无动力屋面通风器	ϕ500	不锈钢材质、彩钢板材质
排气扇		36寸(200米³/分钟)、48寸(500米³/分钟)
复合材料漏缝地板		或塑料漏缝地板、铸铁漏缝地板、复合材料漏缝地板等
固液分离机	LE-120	滤水免动力,无机械故障,滤网免工具可反转拆洗
喷雾降温笼头		塑料材质,间隔3米安装1个,常压即可
配种母猪单体栏	2100×600	含饮水器、有时含有食槽
母猪小群栏	3000×2000×1000	含饮水器、有时含有食槽,也可另外设置水泥混凝土食槽或铁筒自动食槽
公猪栏	3000×2400×1200或更大(结实耐用)	含饮水器,有时含有食槽
高床分娩栏	2100×1700 或 2100×1800	底部全部为复合材料地板(铸铁板、塑料板)、限位架、水泥或塑钢保温箱、加热器(红外线灯或仔猪电热板)、围栏(仔猪围栏也可用PVC板材)、母猪食槽、仔猪补料器、饮水器、支脚

续表 3-1

名　称	规　格	备　注
高床保育栏	2100×1700 或 2100×1800	复合材料漏粪地板,塑料、铸铁地板或钢编网地板,双面食槽,围栏(也可用 PVC 板材),饮水器,支脚
肥猪栏	90~100 厘米高,若干米(10~25 米^2)	根据需要购买或焊制,钢管间距 8~12 厘米,要注意与地面焊接牢固,下面横栏杆与地面距离小于 10 厘米,否则易出现小猪休息时不小心头伸进去而被夹住受伤
水塔、水窖、无塔供水器、水泵、储水箱(塑料)、水管、饮水器等	4 分、6 分、1 寸等；500 升、1~50 吨等	猪舍水管 4 分、6 分、1 寸即可
双电路玻璃钢电热板		双电路,可调温开关,250 瓦,仔猪用
仔猪玻璃钢保温箱		带有机玻璃观察口
仔猪水泥保温箱		水泥箱内带木板
母猪铸铁食槽	430×360×360	含铸铁挡料板
仔猪补料器	330×130×90	长方形 3 孔食位
单面育肥猪落料槽	1000×440×810	水泥底钢板槽、铸铁底钢板槽,共 4 孔
双面育肥猪落料槽	1000×670×810	水泥底钢板槽,共 8 孔
圆形食槽	35/50/100/150	圆形铸铁底、不锈钢圆形料箱、出料量可调节
双面保育猪落料槽	610×700×450	铸铁底,钢板槽,共 8 孔
单面保育猪落料槽	610×700×300	钢板槽,共 4 孔
普通或防水红外线灯	250 瓦	使用寿命长,增温效果好

续表 3-1

名　称	规　格	备　注
清洗消毒车、手动喷雾器、自动喷雾消毒设备、消毒通道和设施等、汽油喷灯(火焰消毒)		清洗,消毒,喷雾
仔猪转运车		转群专用
手推式饲料车、粪车,铁锹,扫帚		
各类磅秤、称猪用电子秤、大小装猪笼、过道		
装猪台(售猪装车用)		可以建立斜坡+平台,或升降铁架、铁笼建造
耳缺、耳孔钳、耳号钳、断尾钳、耳标、记号笔,断尾、剪牙钳、记录本		
饲料加工机械、升料输送带、运料车、筒仓自动饲料传输系统		根据规模设置
沼气设施、沼气发电机、沼气锅炉		$500\sim1\,000$ 米^3 沼气设施
有机肥生产设备		干燥处理、包装
自动除粪设施		根据猪舍规格制备
B超仪、妊娠测定仪		手持式便于携带使用
人工授精设备		包括采精、分析、稀释、保温冷藏、运输、输精设施

续表 3-1

名　称	规　格	备　注
猪保定器、赶猪器		
鼓风炉、暖气设备		
降温喷头、空调设施、降温湿帘		
兽医器械、化验设备		操作台、药品器具柜、显微镜、兽医箱、注射器、手术刀剪等解剖器械、去势用具等
电子计算机监控设备		根据猪场规模有必要时设立
配电、发电设备		
洗衣机、太阳能、洗浴设备，雨靴、工作衣帽手套		

（三）猪场常用设备图片

猪场常用设备见图 3-9 至图 3-23。

图 3-9　无动力屋顶面通风器（无动力排风机）

图 3-10　猪场排气扇

图 3-11　降温湿帘和冷风机

图 3-12　各种漏缝地板

图 3-13　产仔箱和仔猪电热板、红外线灯

图 3-14　仔猪补料器

图 3-15　饲料料筒

图 3-16 饮水器、饮水碗

图 3-17 饲料塔和自动饲料线

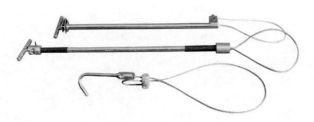

图 3-18 猪保定器

图 3-19   赶猪板和赶猪拍

图 3-20   母猪妊娠测定仪

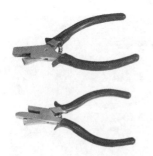

图 3-21   仔猪耳豁钳、耳号牌、记号笔

图 3-22　仔猪断尾钳　　　　　图 3-23　猪用去势刀

三、饲养员的劳动保护

所谓劳动防护,就是依靠技术进步和科学管理,采取技术和组织措施,消除劳动过程中危及人身安全和健康的不良条件与行为,防止伤亡事故和职业病,保障劳动者在劳动过程中的安全和健康。国家为保护劳动者在生产活动中的安全和健康,在改善劳动条件、防止工伤事故、预防职业病、实行劳逸结合、加强女工保护等方面所采取的各种组织措施和技术措施,统称为劳动保护。劳动保护的目的是为劳动者创造安全、卫生、舒适的劳动工作条件,消除和预防劳动生产过程中可能发生的伤亡、职业病和急性职业中毒,保障劳动者以健康的劳动力参加社会生产,促进劳动生产率的提高,保证社会主义现代化建设顺利进行。现代规模猪场一般投资相对比较大,年出产万头到十万头或更多肥猪的猪场,投资额在一千多万到数十个亿不等,仅仅一个年出栏 1 万头的较大型养猪场,包括管理人员在内,至少就需要 20 人以上,无论厂长、管理者,还是饲养员、勤杂工,都是猪场的员工,只要在猪场工作,就要做好个人的防护工作。做好猪场员工的劳动防护,一方面可以减少个人受到伤害的危险,另一方面可以使企业减少许多不必要的损失,减少后顾之忧。

养猪企业应当根据行业和工种特点,定期进行员工体检,并为职工购买意外伤害险和工伤保险等,对员工有利,对企业也有利。

养猪场有多种工种,企业要让员工懂得其所从事行业的危害性和危险性,加强个人维护和劳动保护,注意规范安全操作,以防止各类事故的发生,使个人伤害和企业损失降到最低。猪场饲养员在工作中应严格遵守操作规范,做好以下保护:应勤换工作服,进出猪场注意洗澡消毒。在猪栏内工作时注意防止被大猪挤伤或顶伤,平时工作时要注意善待动物,与所管的猪只建立一定的"关系",友好相处,不要踢打虐待动物,猪一般很温顺,但是在有些情况下,如发情季节、比较狭窄的环境中,特别是公猪,可能因饲养员粗暴对待而突然对人实行攻击,甚至咬人致伤。饲养员在观察中发现猪发病时要及时报告兽医诊断治疗处理,个别猪只急性死亡,特别是突然发生较多死亡时不要自行处理,随便丢弃其接触物,以防止重要的人畜共患病传染的发生,应当在兽医指导下,穿好防护服(图3-24)进行处理。兽医技术人员根据情况进行必要处理,对可能危及自身或公共安全的病例必须立即焚烧灭毒处理,拿不准的报告有关部门组织专家会诊处理,不要随便解剖,防止病原扩散。

图3-24　进入猪场要穿工作服,有疫情时,
专业兽医须穿专门防护服进场处理病死猪

第四章

规模化猪场的防疫与环境控制

　　规模化猪场,因为饲养量很大,对防疫和环境控制要求更高。没有好的防疫制度,猪场肯定会出大问题,可能遭受巨大损失。同时,没有好的环境控制,猪场建设很难得到有关部门审批而不能上马开工。猪场使用过程中,若控制不好环境,不仅给周边环境带来污染,引发污染事故,还容易遭到周边百姓或住户的阻挠,甚至引起群体围攻事件,遭到政府的处罚甚至被封闭停产。对猪场本身也可能因污染而造成生产成绩不良。因此,规模化猪场的防疫与环境控制显得尤为重要,饲养人员对此也应当有深刻认识,以便自觉维护猪场的防疫设施,自觉遵守防疫规则,自觉地进行猪场的环境控制。

一、规模化猪场的防疫制度

　　为了保障规模化猪场生产的安全,根据《中华人民共和国动物防疫法》及有关兽医法规的要求,依据规模化猪场当前实际生产条件,确保养猪生产的顺利进行,向用户提供优质健康的种猪或商品猪,必须贯彻"预防为主,防治结合,防重于治,养防并重"的原则,杜绝疫病的发生。猪场应当制定《猪场卫生防疫制度》,并严格执行。

　　猪场应实行兽医防疫卫生管理的场长负责制,组织拟定本场兽医防疫卫生工作计划,制定各部门的防疫卫生岗位责任制。组织领导实施传染病、寄生虫病和常见普通病的预防、控制和消灭工作。

　　猪场规划必须符合卫生防疫要求。整个猪场可分为生产区和生活区两部分,生产区主要包括猪舍、兽医室、饲料库、污水处理区等。生活区主要包括办公室、食堂、宿舍等。生活区应建在生产区上风方向并与生产区保持一定距离。

　　猪场实行封闭式饲养和管理。所有人员、车辆、物资仅能经由大门和生产区大门出入,不得由其他任何途径出入生产区。

　　非生产区工作人员及车辆严禁进入生产区,确有需要进入生产区者必须经有关领导批准,按本场规定程序消毒、更换衣鞋后,由专人陪同在指定区域内活动。

　　生活区大门应设消毒门岗,全场员工及外来人员入场时,均应通过消毒门岗,按照规定的方式实施消毒后方可进入。

　　场区内禁止饲养其他动物,严禁携带其他动物和动物肉类及其副产品入场,猪场工作人员不得在家中饲养或者经营猪及其他动物肉类和动物产品。

　　场内各大、中、小型消毒池由专人管理,责任人应定期进行清扫,更换消毒药液。场内专职消毒员应每日按规定对猪群、猪舍、各类通道及其他须消毒区域轮替使用规定的各种消毒剂实施消毒。工作服要在场内清洗并定期消毒。

　　饲养员应在车间内坚守岗位,不得进入其他生产车间内,技术人员、管理人员因工作需要须进入生产车间时,应在车间入口处消毒池中消毒后方可进入。

　　饲养员要在场内宿舍居住,不得随便外出;场内技术人员不得到场外出诊;不得去屠宰场、其他猪场或屠宰户、养猪场(户)

逗留。

　　饲养员应每日上、下午各清扫猪舍 1 次,清洗食槽、水槽,并将收集的粪便、垃圾运送到指定的蓄粪池内,同时应定期疏通猪舍排污道,保证其畅通。粪便、垃圾及污水均需按规定实行无公害处理后方可向外排放。

　　员工休假回场或新招员工要在生活区隔离 2 天后方可进入生产区工作。

　　生产区内猪群调动应按生产流程规定有序进行。售出猪只应经由装猪台装车。严禁运猪车进场装卸猪只,凡已出场猪只严禁运返场内。

　　坚持自繁自养的原则,新购进种猪应按规定的时间在隔离猪舍进行隔离观察,必要时还应进行实验室检验,经检疫确认健康后方可进场混群。引进种猪时,要做好产地疫情调查,对种猪进行检疫和挑选,可委托当地兽医卫生机构对种猪进行口蹄疫、猪瘟、猪传染性水疱病、猪伪狂犬病、猪钩端螺旋体病、猪气喘病、猪萎缩性鼻炎和猪布鲁氏菌病的检疫。这些疾病检验为阴性后方能引入。引入后应在隔离舍观察 30~50 天,确认健康后,方能进入生产区。

　　各生产车间不得共用或者互相借用饲养工具,更不允许将其外借和携带出场,不得将场外饲管用具携入场内使用。

　　各猪舍在分娩前、断奶或空栏后,以及必要时按照终末消毒的清扫、冲洗、消毒、干燥、熏蒸(消毒)的程序进行彻底消毒后方可转入猪只。

　　场内应在每年春、秋两季必要时进行卫生大扫除,割除杂草、灌木,使场区环境常年保持清洁卫生及环境绿化工作。定期在场内开展杀虫灭鼠工作。

　　疫苗由专人使用疫苗冷藏设备到指定厂家采购,疫苗回场后由专人按规定方法贮藏保管,并应登记所购疫苗的批号和生产日期、采购日期及失效期等。

应根据国家和地方防疫机构的规定及本地区疫情,决定各类猪使用疫苗的品种,依据所使用疫苗的免疫特性制定适合本场的免疫程序。

免疫注射前应逐一检查登记需注苗猪只的栋号、栏号、耳号及健康状况,患病猪及妊娠母猪应暂缓注射,待其痊愈或分娩后再进行补注。

免疫注射前应检查并登记所用疫苗的名称、批号、外观质量、有效期等;临近失效期疫苗及失真空、霉变、有杂质或异物疫苗应予报废,严禁使用。

注射疫苗前、后应对注射器进行严格消毒,注射中严格做到一头一针,并应防止漏注、少注等质量事故,确保注射质量。务必做到头头注射,免疫率100%。

注射免疫后饲养员应仔细观察猪只反应,发生严重反应时应及时报告,兽医人员应立即采取相应救治措施。

根据本地区疫病流行规律,本场猪群保健防病的需要,在必要时使用抗生素、化学抗菌药物及其他药物对猪群实施群体药物预防或治疗。在育肥猪中应严格按照所用药物的宰前停药期用药,严禁使用国家明令禁止在饲料中使用的药物。

定期对本场内猪只进行传染病和粪便寄生虫卵的检查。对检验出的病猪或阳性猪,应按不同情况及时妥善处理。凡传染病或可疑为传染病的猪应予以扑杀,如种猪存在猪气喘病、猪萎缩性鼻炎等,且阳性率高者,应全群淘汰转为肉用。对种猪应按生产周期使用规定药物定期驱虫,仔猪应在2月龄、4月龄及必要时使用规定药物驱除猪只体内、外寄生虫。

二、规模化猪场的环境控制

(一)猪场的环境控制

由于高密度饲养,畜舍常年温暖潮湿,为某些疾病的发生和传播创造了有利条件,不仅影响养殖场本身的效益,也在一定程度上危害了人们的健康。因此,如何根据猪的生物学特性,为猪群提供一个良好的生长和繁育环境显得至关重要。

1. 营养环境控制

(1)合理利用饲料添加剂　当动物肠道内大肠杆菌等有害菌活动增强时,会导致蛋白质转化为氨、胺和其他有害物质,而合理利用饲料添加剂如酶制剂、酸化剂、益生素等,可减少氨和其他腐败物的过多生成,降低肠内容物、粪便中氨的含量,使肠道内容物中的甲酚、吲哚、粪臭素等含量减少,从而减少粪便的臭气。另外,在饲料中添加双歧杆菌、粪链球菌等均能减少生猪的氨气排放量,净化猪舍内空气,降低粪尿中氮的含量,减少对环境的污染。使用植酸酶可以大大减少粪尿磷的排放,使用复合酶制剂可以显著减少粪尿氮的排放。

(2)配制氨基酸平衡日粮,实行阶段饲养　根据生猪不同生长阶段,制定合理的饲料配方。随着猪体重的增加,维持需要减少,脂肪组织液体积增加,这样所需日粮的营养浓度应逐步降低。将猪日粮中的蛋白质含量每降低 1%,氮的排出量则减少 8.4%。如将粗蛋白质含量从 18% 降到 15%,即可将氮的排出量降低 25%,而粪便污染的恶臭主要由蛋白质腐败所产生的。因此,根据不同生长阶段,合理地配制饲料,不但可以节省蛋白质资源,也是从根本上改善猪舍环境的重要措施。

2. 猪舍内部环境的控制

（1）**温度控制** 温度在环境诸因素中起主导作用，肉猪在17℃~30℃时生长最快，料肉比最低；妊娠母猪为22℃~25℃，哺乳母猪为23℃，而4~11日龄仔猪则为26℃~28℃，1~3日龄仔猪为30℃~32℃。猪对温度非常敏感。同时，寒冷是仔猪黄、白痢和传染性胃肠炎等腹泻性疾病的主要诱因。而当气温高于35℃时，个别猪可能发生中暑，妊娠母猪可引起流产，公猪性欲下降，精液品质不良。所以，在寒冷季节应对猪舍采暖增热、保温；而夏季应通过改变猪舍的屋顶设计，安装喷雾系统，饮电解多维或0.1%~0.2%人工盐溶液等，降低舍内和猪体本身的温度。

（2）**湿度** 猪舍内的湿度过高会影响猪的新陈代谢，是引起肠炎、腹泻的主要原因之一，还可诱发肌肉、关节方面的疾病。猪的适宜湿度范围为65%~85%。试验表明，温度在14℃~23℃、空气相对湿度在50%~80%的环境下最适合猪只生长。为防止湿度过高，减少猪舍内水气的来源，应少用或不用水洗猪圈，可适当用不兑水的消毒药，设置通风设备，经常开启门窗，降低舍内湿度。除粪采用干清粪工艺，隔段时间用少量水冲洗。猪舍设计不用水冲洗工艺或水泡粪工艺设计，将大大节约用水，减少排污。

（3）**空气** 猪舍内空气中有害气体的最大允许值，二氧化碳为3 000毫克/米³，氨30毫克/米³，硫化氢20毫克/米³。空气污染超标往往发生在门窗紧闭的寒冷季节，此时猪更易感染或激发呼吸道疾病，如气喘病、传染性胸膜肺炎、猪肺疫等。污浊的空气还可引起猪的应激综合征，表现食欲下降、泌乳量减少、狂躁不安或昏昏欲睡、咬尾咬耳等现象。规模化猪场的猪舍在任何季节都需通风换气。全封闭式猪舍依靠排风扇换气，换气时可依据下列参数：一般冬季所需的最小换气率为每100千克猪体重每分钟0.14~0.28米³，夏季最大换气率为100千克体重猪每分钟0.7~1.4米³。尽可能减少猪舍内有害气体，是提高猪只生产性能的一项重要措施。冬季要注意调教猪只到运动场或猪舍一隅排粪尿的习惯。当严寒季节保温与通风发生矛盾时,可向猪舍内定时喷雾过氧化类的消毒剂,其释放出的氧能氧化空气中的硫化氢和氨,起到杀菌、降臭、降尘、净化空气的作用。

(4)**光照**　适当的光照可促进猪的新陈代谢,加速其骨骼生长并可消毒杀菌。哺乳母猪栏内每日保持16小时光照,可诱使母猪早发情。一般母猪、仔猪和后备猪猪舍的光照度应保持在50~100勒,每日光照14~16小时;公猪和育肥猪每日保持光照8~10小时,但夏季应尽量避免阳光直射到猪舍内。

3. 猪场外部环境的控制

(1)**植树绿化,改善场内小气候**　增加猪场地面绿化面积,每栋猪舍之间栽种速生、高大的落叶树,场内的空地种花草,在场区外围种5~10米宽的防风林。绿化可将场区空气中的有毒有害气体减少25%,臭气减少50%,尘埃减少30%~50%,细菌减少20%~30%,冬季风速降低70%~80%,还能使夏季气温下降10%~20%。

(2)**搞好固体、液体粪污处理**　固体即干粪,实行干湿分离技术,可直接售给农户作肥料或饵料,也可进行生物发酵,建立肥料生产线生产有机肥,这样不仅能消除污染源,还创造了经济效益。为节约用水,减少污水处理和排放,规模化猪场提倡采用人工清粪,尽可能不用水冲栏圈,实行粪水分离,以提高猪粪有机肥的产量和质量。目前,污水处理方法是先固、液分离(可用沉淀法、过滤法和离心法等)将分离出的固体作干粪处理,液体可采用生物塘氧化技术等先进的处理技术进行有效处理,处理后的中水可以用于猪舍冲洗、达到二次利用;还可以建设沼气设施进行粪便处理,沼气用作能源,沼渣、沼液作为肥料,提高作物品质和产量。

有效地控制猪养殖过程中产生的废水、废渣和恶臭对环境的污染,推动猪养殖业污染物的减量化、无害化、资源化处理与合理利用,寻求先进实用、可靠、方法易行;同时,又能够相对节省处理成本,使得粪污达标排放,已成为政府有关部门、畜牧业生产企业迫切需要解决的问题和不懈追求的目标。

(二)规模化猪场的环境保护

2003年3月1日正式实施的中华人民共和国《畜禽养殖业污染物排放标准》GB 18596 — 2001,标志着畜禽养殖业污染物的控制进入了一个规范化、科学化、法制化的时代。表明各级政府主管部门,将解决集约化、规模化畜禽养殖场和养殖区,根据养殖规模、分阶段逐步控制,鼓励种养结合和生态养殖,逐步实现养猪业的合理布局,提到重要的议事日程。同时,加强现有规模化养殖场、区,对于已经存在的严重污染问题,做到有计划、分步骤、按照法制化建设的要求,加强综合治理。

随着我国畜牧业产业化的快速发展,规模化猪场的数量逐年增加。据初步测算,一个万头养猪场,常年存栏量约为6 000头,每日排放粪尿量约29吨,全年约为10 585吨。全国生猪、家禽年产粪便总量高达5.8亿吨,粪、水年排放总量高达60亿吨。即使是现代化程度较高的北京市和上海市采用工程化技术措施处理的粪、水量,仅占排放量的3%和4%,也存在着大量粪污对周围环境的严重污染问题。许多猪场臭气熏天、蚊蝇成群,地下水的硝酸盐严重超标,既存在着污染环境,也存在着自身污染问题。进行污染物的减量化、无害化、资源化处理与合理利用,必须进入法制化管理的重要阶段。

1. **规模化猪场环境保护的技术内容**　中华人民共和国《畜禽养殖业污染物排放标准》GB 18596 — 2001,严格地界定了集约化畜禽养殖场、区的适用规模,水冲式、干清粪工艺最高允许排水量,污染物最高允许日均排放浓度等指标。

2. **规模化养猪场粪污达标排放处理的工艺技术**　根据中华

人民共和国《畜禽养殖业污染物排放标准》GB 18596—2001,畜禽养殖业污染物达标排放处理的技术方案如下:

(1)污染物的减量问题 鉴于我国劳动力多、水资源缺乏的现实,提倡兴建的工厂化养猪场,改用人工清粪为主、水冲为辅的清粪方式,是从污染源头抓起减少污染程度的有力措施。通过在一些猪场采用此技术措施后,万头规模的猪场每日排污量可降低到 50~60 米³,化学需氧量(COD,水污染程度指标,表示水中有机物相对含量)为 8 000 毫克/千克,与全冲洗清粪方式相比,排污量减少近 60%,有机物含量减少约 30%。据广东省的经验,如果日排放污水每增加 20 米³,那么,污水处理工程的投资需要增加 10 万元以上。用水减少之后,配置高压冲洗清洁系统,既能节约水源,又有很好的清洁效果;而且,排出的鲜粪远比粪渣的肥效高数倍,有利于有机肥的制作,值得推广。

(2)猪场配置两条排水系统 在猪场设计时,注意将雨水和污水排水系统有意地分开;同时,加强管理,提倡节约用水,避免长流水,对污水排放量减少也是十分必要的。

(3)采用先进的工艺流程 根据养猪场污水水质特性及排水状况,在污水处理工艺前端设置固液分离段(又称干湿分离),以利粪便与污水初步分离,减少污水处理量;同时,分离后的粪便和人工清除的粪便做进一步堆积发酵处理后,加工成有机肥出售。分离后的污水经格栅拦截后,进入栏污撇渣池,污水大部分悬浮杂质经撇渣清除后,自流进入水解调节池,污水进一步水解酸化及均衡调节,清除部分水解污泥至干化池。污水经泵提升后进入 UASB 反应池,进行第一级生化处理,产生沼气用于发电,沉淀污泥送至污泥干化池经干化处理后作复合肥利用。上清液回流至水解调节室重新进入系统。经 UASB 处理后,其 COD、生物耗氧量(BOD,生化需氧量,也是反映水污染程度的指标,表示微生物分解有机物所消耗的游离氧)降解大约可达 80% 以上。污水再进入高

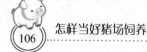

效生物反应器,做深度处理(即二级生化处理),污水在此处进一步脱磷、脱氨处理后,主要降解指标COD、BOD、氨氮(NH_3-N)去除率可超过97%以上,基本满足排放标准。处理后污水经集水沉淀池后达标外排。

························· 第五章 ·························

猪的饲养与管理

　　饲养员的核心工作就是对猪进行日常饲养管理,因此学习和掌握猪的饲养管理知识和方法,是养好猪、当好饲养员的前提。

一、猪的一般饲养管理方法

(一)饲养方式

　　猪的饲养方式,已经由传统的小型庭院式饲养,逐步走向规模化、工厂化养殖,猪的饲养管理方法和环境控制都发生了很大的变化。现在大都采用现代化的管理方式进行猪的饲养管理。

(二)猪饲养管理的一般原则

　　尽管公猪、母猪、仔猪、育肥猪等各类猪生理特点不同,饲养目的不同,在饲养管理措施方面也不尽相同,但必须掌握以下共同的原则:

　　1. 科学配制日粮　　猪体需要的各种营养物质均由饲料来供给,而各种饲料中所含的营养物质种类与数量不一样。因此,应根据猪体对各种营养物质的需要量及各类饲料中各营养物质的种类和数量来科学配制日粮,针对不同阶段的猪制定不同的饲料配方、多种饲料合理搭配,考虑适口性,千万不可长期饲喂单一的饲料。

2. **分群分圈饲养** 为了有效地利用饲料和圈舍,提高劳动生产率,降低生产成本,应按品种、性别、年龄、体重、强弱、吃食快慢等进行分群饲养,以保证个体猪的正常生长发育和群体整齐度。成年公猪和妊娠后期母猪应单圈饲养。分群后,经过一个阶段的饲养,同一群内可能还会出现体重大小和体况不一样的情况,应及时加以调整,把较弱的留在原圈,把较强的并入另外一群。

3. **不同的猪群采用不同的饲养方案** 为使各类猪只都能正常生长发育,应根据各猪群的生理阶段及体况和对产品的要求,按饲养标准,分别拟定合理的饲养方案。

4. **坚持"四定"喂猪** 根据猪的生活习性,应建立"四定"生活制度。即:①定时饲喂。每日喂猪的时间、次数要固定,这样不仅使猪的生活有规律,而且有利于消化液的分泌,从而提高猪的食欲和饲料转化率。②定量饲喂。喂食数量要掌握好,不可忽多忽少,以免影响食欲,造成消化不良。定量不是绝对的,应根据气候、饲料种类、食欲、粪便等情况灵活掌握。③定温饲喂。要根据不同季节温度的变化,调节饲料及饮水的温度。④定质饲喂。即日粮的配合不要变动太大,饲料要清洁新鲜,饲料变更时,一定要逐渐过渡,有5~10天的过渡期;如果突然换料,将会使猪不去采食(这方面有过许多实例),可能引起猪消化不良或患病。过渡期新饲料应逐渐替换旧饲料。

5. **合理调制饲料** 应根据饲料的性质,采取适宜的调制方法。青饲料除切碎、打浆鲜喂外,还可拌入饲料中一起饲喂;粗饲料常以粉碎、浸泡、发酵等作为调制方法;精饲料中各种子实类通过粉碎后生喂。但生豆类需经蒸煮或焙炒消除抗胰蛋白酶因子和豆腥味后才可喂猪;另外,棉籽饼粕、菜籽饼粕等经过脱毒处理后方可饲喂。

6. 改进饲喂方法　不同的饲喂方法对饲料转化率和胴体品质均有一定影响。育肥猪自由采食增重快，但胴体短而肥;限量饲喂虽会降低日增重,但可提高饲料转化率及瘦肉率。应普及生饲料喂猪,以生干粉料或湿拌料、稠粥料喂猪,并应积极推广利用颗粒饲料饲喂。

7. 供给充足饮水　水对饲料的消化、吸收、运输、体温调节、泌乳等生理功能起着重要作用。为此,每日必须供应充足而清洁的饮水。猪在夏季需水多,冬季需水少,冬天最好供温水;喂干粉料需水多,喂稠料需水少。猪每采食 1 千克干饲料需水 1.90~2.50 升,夏季天气炎热时,每采食 1 千克干饲料需水 4~4.50 升。据研究,一个猪场按照母猪计算,平均每日耗水量为 90~120 升(此数据包括猪只饮水、浪费及人类管理活动用水),注意每日上、下午必须检查每个饮水器出水情况是否正常。

8. 加强猪的护理　低温会造成猪能量消耗,高温会影响猪的食欲。所以,各种猪舍,冬季应搞好防寒保温,夏季应注意防暑降温。圈养饲养密度过大,会导致增重速度和饲料转化率降低。训练猪只养成固定地点排泄、采食、睡觉习惯,有助于提高管理工作的效率。防疫卫生是管理中的一项经常性工作,应经常保持圈舍的清洁卫生,定期进行消毒、防疫和驱虫。

二、各阶段猪的饲养管理

(一)公猪的饲养管理

为了使种公猪有良好的繁殖性能,提高母猪的生产力,必须对种公猪进行科学的饲养管理。公猪一般单独饲养,专人管理,专门饲料。公猪对猪群质量和整个猪场效益影响很大,饲养管理好种公猪,配种是目的,营养是基础,运动是调节,精液是关键,检查是保证。

1. **合理饲养**　公猪饲料中首先要满足蛋白质的需要,因为蛋白质对于公猪精液数量的增加、质量的提高和精子的寿命长短都有很大关系。同时,还应保证有充足的维生素和矿物质,注意营养成分的配搭要合理,生产中种公猪日粮粗蛋白质水平以 18%～20%为宜,日粮中可消化能以 12.54～12.96 兆焦/千克为宜。

良好的营养是保证种公猪具有旺盛的性欲、优良的精液品质、充分发挥其正常繁殖力的前提和物质基础。使公猪体况"不肥不瘦",过肥常常造成不愿爬跨,影响配种,过瘦更加影响配种。常年保持健康结实、性欲旺盛,要用种公猪专用预混料或浓缩料配制种公猪饲料。喂料定时、定量、定温、定质,一般日喂 2 次,非配种期每日饲喂量 2.5 千克,配种期饲喂量 3 千克,配种期应补饲适量的胡萝卜或优质青绿饲料。配种或采精后应加喂 1～2 个鸡蛋,或配种季节在常规日粮中适当添加膨化大豆粉或炒熟粉碎的黄豆粉。

2. **合理利用**

(1)**初配年龄与体重**　本地猪种 8～10 月龄,体重 50～60 千克;引入品种 10～12 月龄,体重 90～120 千克配种为好。

过度利用会显著降低精液品质,影响受胎率和产仔数,造成种公猪早衰。每周采精 2～3 次适宜,每周至少进行 1 次精液质量检测。如长期不用,则会造成性欲低下、死精和畸形精子增多,使受胎率降低。公猪有病时不能配种或采精。

(2)**猪群应保持合理的公母比例**　本交情况下公母比例为 1∶20～30,人工授精情况下公母比例为 1∶40～60 或更多。

(3)**种公猪的繁殖利用**　种公猪的最适宜年龄为 2～4 岁,这一时期是配种最佳时期。年淘汰率 30%～50%,要及时淘汰老弱病残公猪,并做好后备种公猪的选育。

3. **加强饲养管理**　种公猪应生活在清洁、干燥、空气新鲜、舒适的环境条件下,同时还要做好以下工作:公猪的圈舍要适当大一些,最好带有运动场,阳光充足,空气流通,地面要坚实、干燥;建立良好的生活制度。饲喂、采精或配种、运动、刷拭等各项工作都应在大体固定的时间内进行,利用条件反射让公猪养成规律性的生活习惯,便于管理;公猪管理"五忌":①忌饱食采精;②忌采精后洗澡、滚泥或淋雨;③忌公猪咬斗、跳沟、滑倒,绝对不可以把两个公猪放在一块;④忌粗暴乱打;⑤忌爬跨时突袭。此外,还应做到(再次强调公猪管理的重要性):

加强种公猪运动,可促进食欲,增强体质,避免过肥过瘦,提高性欲和精液品质,同时也可减少肢蹄病的发生。坚持自由运动和驱赶运动相结合,以驱赶为主,每日运动上、下午各1次,每次0.5~1小时。每日应坚持让公猪运动,除在运动场运动外,还应进行驱赶运动。夏天可在早上或傍晚天气凉爽时进行,冬天可在中午进行;定期检查公猪精液质量。实行人工授精的公猪,每次采精都要检查精液品质。如采用本交的公猪,每月也要检查1~2次,特别是后备公猪,开始使用前和刚使用时,都要检查其精液2~3次,精液质量差的公猪绝对不能配种;定期检查精液品质,这项工作非常重要,应检查精子的数量、密度、活力、颜色和气味等,保证配种期的高受胎率。精液品质一旦出现问题,立即停用,并查找原因,及时处理。人工授精情况下,每次输精前都要检查精子的活力和密度,精子活力低于0.6的精液不能用于输精。

做好防寒降暑工作。种公猪适宜的温度为18℃~23℃。冬季猪舍要防寒保温,以减少饲料的消耗和疾病发生。夏季高温时要防暑降温,高温对种公猪的影响尤为重要,轻者食欲下降、性欲降低,重者精液品质下降。种公猪在长期处于高温下,其精液品质受到严重影响,表现为精子活力下降、总数和活精数下降,畸形精子数增加。

保持圈舍清洁卫生、干燥、温暖、无贼风。食槽、用具定期清洗消毒,做到一餐一扫、半个月1~2次冲洗、1个月2~4次消毒,同时加强粪便管理,防止内、外寄生虫侵袭。定期对种公猪进行体内和体外驱虫工作,可按每33千克体重1毫升肌内注射伊维菌素,每年2次;预防烈性传染和种猪繁殖性疾病的发生,做好常规疫苗的免疫接种工作。

4. 及时调教 公猪一般在6月龄开始调教。调教配种时,配种栏的地面要平坦,不能太粗糙或太滑,配种栏面积应在10米^{2}以上,不能太小、太狭窄,避免公猪在配种时造成外伤;后备公猪在进行调教时,应选择发情稳定的母猪,母猪与调教的公猪体型不能相差太远。后备公猪第一次爬胯时,若方向不对应耐心调教,辅助小公猪将阴茎插入母猪阴道并完成射精;公猪在年幼注射疫苗和进行一些必要的治疗时要注意,不能给公猪造成太大刺激,以免公猪对饲养员产生畏惧感;公猪在参加调教配种前应完成预防繁殖障碍疾病的免疫接种,其中乙脑疫苗应在每年4~5月份注射并确保免疫质量。

5. 合理利用 公猪应合理利用,不能过于频繁。配种或采精过多,虽不影响精子活力,但能降低精子的密度和代谢能,从而影响受精率,还会危及公猪健康,影响公猪使用年限。刚开始使用的后备公猪,每周使用1次,1~2岁的小公猪每日配种不应超过1次,连续2~3天后应休息2天;2岁以上的成年公猪,每日配种不应超过2次,两次间隔时间不应少于6小时,每周最少休息2天。公猪每次配种时间较长,一般5~15分钟,交配时应保持周围环境安静,不受任何干扰。交配时配种员或饲养员可以适当辅助配种,如诱导公猪爬跨母猪;把母猪尾巴往前上拉起;戴上一次性手套,用手辅助公猪的生殖器插入母猪阴道。注意动作要轻柔,慢慢接触公猪生殖器,不可粗暴、用蛮力,使公猪射精完全。辅助操作时要注意饲养员自身的安全,小心被公猪踩伤或挤伤,操作绝对不要粗暴惹恼公猪,以防被攻击。公猪长期不配种会造成精液品质下降、性欲减退,因而对长时间不使用的公猪也应定期进行采精,以保持其性欲和精液品质。

6. **合理更换**　种公猪年淘汰率30%~50%,一般使用1~3年。种公猪淘汰原则:精液品质差;性欲低,配种能力差;与配母猪受胎率及产仔数低;患肢蹄病;对人有攻击行为。

作为公猪饲养员应当能看懂并填写公猪舍常用表格,主要有猪群变化周(或月)报表、饲料用料表、公猪档案、逐日配种情况及统计表等(表5-1至表5-4)。

表5-1　猪群变化周(或月)报表

填表人:＿＿＿＿＿＿＿

日　期	在用公猪数	后备公猪数	暂时停用公猪数,注明耳号、原因	因故建议淘汰数,说明原因	备　注

表5-2　饲料用料表(日、周、月)

填表人:＿＿＿＿＿＿　年　月　日

饲料类型	用料计划	实际入库饲料	剩余饲料	因故报损数

表 5-3　公 猪 卡

填表人：_____

种猪耳号	父号及来源地		父父、父母号及来源地	母父、母母号及来源地	备　注
公猪耳号	父号		父父号	X	
			父母号		
	母号		X	母父号	
				母母号	

表 5-4　逐日配种情况及统计表（日、周、月）

填表人：_____

登记日期	公猪号	所配母猪号	配种日期	配种效果（√或×）	产仔情况（日期、数量、成活等）	备　注
合　计						

（二）母猪的饲养管理

1. **妊娠母猪饲养管理**　根据胚胎的生长发育规律、母猪乳腺发育和养分储备的需要，可将妊娠期分为妊娠初期、妊娠中期和妊娠后期 3 个阶段。

（1）配种前至妊娠初期（配种至配种后第 28 天）　此阶段饲养目标是：提高胚胎的着床成功率，减少胚胎的死亡。配种前要做好常规饲养管理，从后备猪舍或产仔舍转入，除注意母猪膘情、健康状况外，还要特别注意观察发情，及时配种。母猪性成熟后，每隔 18～21 天发情 1 次。发情母猪精神不安，减食，外阴红肿，阴道里流出透明或浑浊的黏液，不时发出叫声（此表现国内猪种比较明显，但有些进口猪种此表现不明显，饲养员对断奶母猪 2~7 日内要特别注意观察），攀爬猪舍，爬跨其他猪。如果拍打母猪背腰站立不动，饲养员则可以压母猪背腰荐十字部；如果站立不愿动，此时很可能已经发情，可以实施配种（图 5-1）。

图 5-1　妊娠母猪（妊娠后期）

母猪配种的恰当时间是在排卵前 2~3 小时。一般情况下本地母猪发情持续时间比较长，为 3~5 天，可在发情开始后第二天配种；外国品种发情持续期比较短，为 2~3 天，应在发情开始后当天下午或第二天早上配种；杂种母猪介于两者之间，在发情开始后第二天配种比较好。总之，在发情最旺盛，即允许公猪爬跨后 10~26 小时配种，受胎率最高。因为时间难掌握，第一次交配后过 12 小时再配第二次，这种方法叫作"复配"。复配能增加卵子受精机会，提高产仔数。配种初期，母猪易受各种因素影响而导致胚胎死亡，最终导致产仔数减少，这是胚胎死亡的第一个高峰。饲养管理注意母猪配种后要控制采食量，避免猪摄入的能量过高，以免导致孕酮分泌较少，从而使胚胎成活数减少。不要驱赶和惊吓母猪，防止母猪流产。建议配种后 7 天内严格限饲,每头每日约 1.5 千克饲料,体况很瘦的母猪可多喂一些,产仔数会提高,配种后第 7~28 天适当限饲,按照母猪体况投料,每头母猪每日 1.8~2.2 千克。应在配种后 18~25 天认真观察母猪是否返情,25~28 天可以用便携式妊娠测定仪测定是否妊娠,也可用其他 B 超仪根据其说明更早测定是否妊娠情况,以便合理安排生产,减少空怀时间,节约无效饲养成本。

(2)妊娠中期(妊娠第 29~84 天) 此阶段饲养目标是:保证胎儿发育的需要和母猪自身代谢的需要。此期也是母猪体况调整期,每头每日喂料 2.2~2.7 千克。对于偏瘦的母猪可适当增加投料量,但是注意不要过度饲喂,以免导致哺乳期的采食量下降。不要过早"供胎",妊娠第 75 天后是乳腺发育的关键时期,过量摄入能量会增加乳腺中脂肪的沉积,减少乳腺分泌细胞的数量,导致哺乳期泌乳量的减少。头胎母猪建议全程每日饲喂 1.8~2.5 千克饲料,防止胎儿过大造成难产。

(3)妊娠后期(妊娠第 85~112 天) 此阶段,胎儿生长发育速度很快,仔猪初生重的 60%~70% 来自分娩前 1 个月的快速生长,同时也是乳腺充分发育的时期。为了胎儿快速生长及母猪乳腺发育的需要,投料量每头每日 2.8~3.5 千克。预产期前 1 周不应该太强调减料,直到预产前 2 天可适当减少投料量。这样,既可以提供母猪充足的能量与营养,能在分娩时保持充沛的体力,又能防止吃进的饲料太多压迫产道造成难产。

(4)临产母猪的饲养管理 工作重点是促进母猪顺产,提高仔猪成活率。围产期是指配种后 108 天到分娩这段时间,临产母猪转栏到产仔舍,使临产母猪尽快适应新环境,正常采食,安全顺利产仔。转栏前应对母猪全身进行清洗消毒。

分娩前喂养技术:母猪分娩前 10~15 天,逐渐改喂哺乳期饲料,防止分娩后突然变料引起消化不良和仔猪腹泻。如果母猪膘情好,乳房膨大明显,则分娩前7天应逐渐减少喂料量,至分娩前1~2天减去日粮的一半。发现临产症状时应停止喂料,只喂豆饼麸皮汤。如母猪膘情较差,乳房干瘪,则不但不应减料,还要加喂豆饼等蛋白质饲料催乳,防止母猪产后无奶。适量运动。

驱除体外寄生虫。分娩前几天母猪喜卧,不喜欢过多的运动,应给母猪创造较安静、舒适的环境。如发现母猪身上有虱或疥癣,要用伊维菌素等驱虫药灭除,以免分娩后传染给仔猪。分娩前1个月应当注射伪狂犬疫苗。

饲养员除清扫猪栏,饲喂好母猪,应当观察母猪的采食、饮水(注意每日必须检查饮水器出水情况)、排便、呼吸、起卧、走路、精神状态等。饲养员应多与母猪接触,并在喂食或清扫圈舍卫生时用手抚摸或用软刷刷拭母猪身体,使其形成不怕人的条件反射,为接产时接触母猪做好准备。最好在圈舍中放一点儿如垫草类的东西,便于母猪叼草絮窝,也便于饲养员观察母猪的分娩时间。

分娩前5~7天(从配种记录日期起,妊娠107天左右)把母猪洗刷消毒后转入产房,上产床。妊娠母猪舍有以下表格需要饲养员看得懂,填写好表5-5至表5-9。

表5-5 母猪档案记录

填表人:_____

种猪耳号	父号及来源地	父父、父母号及来源地	母父、母母号及来源地	备注
母猪耳号	父号	父父号 父母号	X	
	母号	X	母父号	
			母母号	

表 5-6　　种猪繁育记录卡(种猪卡)

舍　号＿＿＿＿＿＿＿＿　栏　号＿＿＿＿＿＿　　　　　　填表人：＿＿＿＿＿＿

母猪耳号		来　源	出生日期	母耳号	父耳号

胎　次	配种公猪	配种日期	接产日期	分娩日期	初　生		断　奶		留　种
					头　数	窝　数	头　数	窝　数	

表 5-7　逐日配种记录档案

填表人：＿＿＿＿＿＿＿＿

时间	舍号	栏号	母猪品种耳号	胎次	主配公猪	辅配公猪	预产日期	分娩日期	备注

表 5-8　猪群变化表

填表人：＿＿＿＿＿＿＿＿

日期	能繁母猪数	后备母猪数	妊娠数	预产转出数	转入数	未发情、未配数或返情数,简单说明原因	淘汰母猪数说明原因

表 5-9 饲料用料表（日、周、月）

填表人：_____

日 期	计划用料	实际收到饲料数	剩余饲料	因故报损数

2. 哺乳母猪饲养管理　母猪哺乳期是从母猪进入产房分娩开始到仔猪断奶结束。农村饲养条件下，哺乳期为 35 ~ 42 天，规模猪场一般是 21 ~ 28 天。哺乳母猪的饲养管理目标就是保证母猪安全分娩，多产活仔，促进母猪产后泌乳，以使仔猪健康发育，快速生长；降低母猪断奶失重幅度，维持正常体况，以便断奶后及早发情，再次配种繁殖。据试验，采用氯前列烯醇 0.2 毫克用注射用水稀释后，在母猪妊娠 113 天时注射，可以有效控制母猪产仔时间，白天 8 ~ 10 时注射，第二天 8 ~ 10 时开始分娩，总有效率达 85% 以上，便于饲养员接产，有效提高产仔成活率，并且有减少难产发生率、缩短母猪产程的功效（图 5-2）。

（1）猪的分娩

①分娩准备

一是产栏的准备。在预产期前 1 周左右将母猪赶入产栏。进猪前对产房彻底清扫消毒，须对产栏侧面、底面及用具，用 3% 火碱水刷洗消毒，干燥后使用。对母猪体表也应清洗干净。

二是接产用具和药品的准备。如照明灯、干净擦布、脸盆、温水、剪刀、去牙钳、耳标工具、5% 碘酊、缩宫素、青霉素、仔猪保温箱和电热取暖器等。

三是临产的识别。主要根据母猪的乳房、外阴和行为表现加以识别。乳房膨大变硬，出现奶线，或称"乳线"，轻轻按摩可挤出乳汁；按照配种记录，妊娠时间达到 110 天以上；当挤出的乳汁清

图 5-2 初产母猪

淡透明时,分娩近在 2~3 天,当乳汁变成黄色胶状,则即刻开始分娩。但也有个别母猪分娩后才分泌乳汁;外阴在分娩前 3~5 天开始红肿、下垂,尾根两侧出现凹陷;神经敏感,变得行动不安,分娩前母猪频繁起卧、饮水、排粪和排尿、啃咬圈栏。

②分娩与接产 母猪分娩时多数侧卧,腹部阵痛,全身哆嗦,呼吸促迫,用力努责。阴门流出羊水,两腿向前伸直,尾巴向上卷,产出仔猪。有时,第一头仔猪与羊水同时被排出,此时应立即准备好接产。胎儿产出时,头部先出来的约占总产仔数的 60%,臀部先出的约占 40%,均属正常分娩。母猪分娩时应保持环境安静,以利于顺利分娩,母猪分娩多在夜间或清晨。当仔猪产出后,先用清洁的毛巾擦去口、鼻中的黏液,让仔猪开始呼吸,然后再擦干全身。接着给仔猪断脐,方法是先使仔猪躺卧,把脐带中血反复向仔猪脐部方向挤压,在距仔猪脐部 4~6 厘米处剪断,断面用碘酊消毒。处理完的仔猪应人工辅助尽快吃上初乳,放在保温箱内取暖。母猪顺产时,需 2 小时左右分娩完毕,产程短的仅需半小时,长的可达 8~12 小时。一般母猪很少难产,但有时因胎儿过大、母猪虚

弱无力阵缩等情况,会出现难产,需进行人工助产。如果母猪长时间阵缩产不出仔猪时,可先注射缩宫素。若仍不见效,接产人员修剪好手指甲,手臂清洁消毒,涂上润滑剂,五指并拢,手心向上,在母猪阵缩间歇时,慢慢旋转进入产道。当摸到仔猪时,随着母猪阵缩慢慢将仔猪拉出。产完后,给母猪注射抗生素,防止产道感染。

(2)哺乳母猪的饲养 母猪在哺乳期营养需要量很大,特别是哺乳较多仔猪的母猪。一是因母猪照料仔猪,使维持需要增加;二是因大量泌乳的营养消耗。母猪乳汁是仔猪出生后 5 天内唯一的食物,21 天时也几乎全靠母乳,35 天时母乳提供的营养约占66%,42 天时约占 50%。可见,分泌大量优质的乳汁是仔猪成活和生长的关键因素。然而,哺乳母猪常因采食的营养不足,动用体内的储备,靠大量分解体脂来补充泌乳的能量需要,结果导致哺乳期母猪的失重现象。所以,对哺乳母猪,一方面要制定较高的营养水平,每千克配合饲料中能量不低于 13 389 千焦,粗蛋白质不低于 16%;另一方面要增加饲喂量。由于母猪饱食后影响分娩,则应从分娩前就开始减料。分娩前 2 天和分娩后 2~3 天饲料中可配入"母子康""母子安康"或"母奶多"等中草药制剂,能有效减少仔猪产后腹泻,增加母猪乳汁。为防止母猪分娩后感染,每头母猪可以注射长效青霉素(400 万单位)1 支,或有助于母猪排出胎衣、减少产道、子宫感染的其他药物。分娩后又因体力消耗过大,身体疲倦,消化功能弱,则应在 2~3 天后将饲料喂量逐渐增加,5~7 天达到哺乳期的正常定量,每日 4.5 千克以上,并尽量多喂。带仔多于 10 头的哺乳母猪,每多产 1 头仔猪加喂饲料 0.25 千克。断奶前的 2~3 天每头每日饲料喂量减少至 1.5~1.8 千克。哺乳期母猪的日常饲料摄入量十分关键,尤其在夏季高温时节,为了提高采食量,采用白天、傍晚和凌晨的多次饲喂。日常保证母猪的充足饮水,有条件的养猪户可加喂一些优质青绿饲料或添加 2%~5%的油脂,以促进母猪泌乳,减少便秘。

（3）**哺乳母猪的管理**　科学的管理可促进母猪产后身体的恢复和泌乳性能。保证充足的饮水，满足日常大量泌乳对水的需要，最好安装自动饮水装置。保持适宜的环境，做好日常通风换气，冬季加以保温，防止贼风侵袭，夏季注意防暑。舍温过高时，可给予哺乳母猪颈部滴水，降温效果较好。及时清扫圈舍粪便，保持清洁、干燥。定期消毒和灭蝇。保证圈栏光滑，地面平坦，防止划伤母猪的乳房和乳头。产床容易造成母猪身体擦伤，要及时涂药治疗，常用药物有碘酊、酒精、紫药水等。

哺乳母猪舍有以下常用表格（表5-10至表5-14）。妊娠舍母猪种猪卡要随着预产前一起转入哺乳舍。

表5-10　分娩舍育仔记录

填表人：＿＿＿＿＿＿

分娩时间	舍号	床号	母猪耳号	总产仔数	合格仔数	弱仔数	死胎	断奶数	死亡数	猪瘟免疫时间	备注

表 5-11　母猪产仔哺乳记录表

填表人：_____

耳号：　　　品　种：　　　　胎　次：　　　单位：头、千克、%　年：

配种日期： 配种方式： 配种次数：		与配公猪耳号： 品种：		分娩时间： 　月　日 起止时间：			妊娠天数	近交程度	哺育率	产畸形、死胎数				其他说明：				
										死胎	木乃伊	畸形	憋死					
分娩顺序	1	2	3	4	5	6	7	8	9	10	11	12	13	14	15	公猪数	母猪数	合计	平均体重
性　别																			
毛色特征																			
耳　号																			
乳头数左																			
乳头数右																			
初生重																			
20日龄重																			
断奶重																			
寄养转出																			
寄养转入																			
断奶日期																			
病　死																			
压　死																			
咬　死																			
其　他																			
转群日期																			
60日龄重																			

续表 5-11

填表人：_____

耳　号：　　　品　种：　　　胎　次：　　　单位:头、千克、%　年：

配种日期：		与配公猪耳号：	分娩时间：	妊娠天数	近交程度	哺育率	产畸形、死胎数				其他说明：				
配种方式：配种次数：		品种：	月　日起止时间：				死胎	木乃伊	畸形	憋死					
分娩顺序	1	2	3　4	5　6　7	8	9	10	11	12	13	14	15	公猪数	母猪数	合计	平均体重
120日龄重															
达100千克日龄															

表 5-12　猪群变化表

填表人：_____

日　期	转入上床母猪数	待产母猪数	产仔哺乳母猪数	哺乳仔猪数	死亡仔猪数	断奶转出母猪数	断奶留产床仔猪数	断奶转出仔猪数	淘汰母猪数说明原因

表 5-13　饲料用料表（日、周、月）

填表人：＿＿＿＿＿＿＿

日　期	妊娠母猪料	哺乳母猪料	仔猪教槽补料数	剩余饲料	因故报损数

表 5-14　药品、疫苗使用情况

填表人：＿＿＿＿＿＿＿

日　期	药品名称	入库数量	使用数量	剩　余

（三）仔猪的饲养管理

1. **哺乳仔猪**　哺乳仔猪饲养管理目标：使哺乳仔猪获得最高的成活率和最大的断奶重。哺乳期成活率达 95% 以上，仔猪 3 周龄断奶平均体重 6 千克以上，4 周龄断奶平均体重 7 千克以上（图5-3）。

目前存在的问题：哺乳仔猪成活率低，腹泻较严重，断奶窝重不够，究其原因主要与营养和管理有关，其中饲养管理不当是根本性的原因。

根据仔猪的生长发育规律及其生长特点，进行精心养育，是快速育仔的基础工作。哺乳仔猪的培育可大致分为两个阶段：第一阶段为出生后至 7 日龄，这个阶段的培育着重抓好仔猪的成活；第

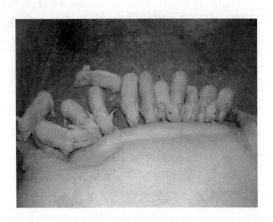

图 5-3　哺乳仔猪

二阶段为 7 日龄至断奶,此阶段的培育关键在于以抓好奶膘为中心,训练仔猪早吃料。

具体操作管理要点:

①照顾好母猪分娩,做好接产工作,防止仔猪被压死、冻死或因难产而死在腹中,降低仔猪死亡率;对哺乳仔猪死亡原因进行分析,采取相应对策。

②仔猪出生后 2 小时内保证吃上初乳,尽早获得免疫力,必要时采用人工辅助措施进行仔猪固定乳头。

③仔猪吃过初乳后适当过寄哺养调整,尽量使仔猪数与母猪的有效乳头数相等,防止未使用的乳头萎缩,从而影响下一胎的泌乳性能。寄养时,仔猪间日龄相差不超过 3 天,把大的仔猪寄出去,寄出时用寄母的乳汁擦抹待寄仔猪的全身。

④新生仔猪要在 24 小时内称重、打耳号、剪牙、断尾。断脐以留下 4~6 厘米为宜,断端用 5% 碘酊消毒;有必要打耳号时,尽量避开血管处,缺口处要用 5% 碘酊消毒;剪牙钳用 5% 碘酊消毒后齐牙根处剪掉上下两侧犬齿,弱仔不剪牙;断尾时,尾根部留下。

⑤仔猪出生后尽量一天内每头注射 100~200 毫克(1~2 毫升/头)铁剂,预防贫血(可有效防止仔猪在 15~20 天因缺铁造成的拉白痢、灰痢,难以用药物治愈);对生长较快的仔猪,在断奶前应考虑第二次注射;仔猪断奶时,还可给每头仔猪注射 0.1% 亚硒酸钠注射液 0.5~1.0 毫升,防止仔猪出现僵猪和断奶后患水肿病、白肌病,同时也能提高仔猪对疾病的抵抗力;如果猪场呼吸道病严重时,鼻腔喷雾卡那霉素加以预防。无乳母猪采用催乳中药拌料或口服。同时口服抗生素如庆大霉素 2 毫升等,以预防腹泻。

⑥准备育肥的仔猪可在 15~20 日龄去势,去势时要彻底,切口不宜太大,术后用 5% 碘酊消毒,同时撒一些青霉素防感染。

⑦控制好产房温度,产房要保持干燥,产栏内只要有小猪,便不能用水冲洗。同时,要保暖、防压。仔猪的适宜温度:1~3 日龄为 30℃~32℃,4~10 日龄为 28℃~30℃,11~30 日龄为 26℃~28℃。一般采用红外线灯或仔猪电热板进行增温、保温。防压措施主要是保持母猪安静,设护仔栏或护仔箱。

⑧补料、补水:仔猪 5~7 日龄开始诱食补料、补水,方法是在干燥清洁的木板上撒少许乳猪颗粒料,让其强制吃料 3~4 天,当仔猪开始采食乳猪料时,便可采用仔猪补料器。保持食槽清洁,饲料新鲜。勤添少添,晚间要补添 1 次。每日喂料次数为 5~6 次,防止饲料浪费。

⑨规模猪场可行 21~28 日龄断奶,一次性断奶,不换圈,不换料。断奶前后连饮 3 天电解多维以防应激。

⑩为了提高仔猪成活率,有些饲料厂专门研制了初生小仔、弱仔专用补料,可以在一定时间内通过强化补饲,使此类猪生长赶上其他正常仔猪,一起断奶也提高了仔猪断奶时的整齐度。

⑪仔猪免疫:按仔猪免疫程序按时接种相关疫苗。

2. **断奶仔猪饲养管理**　断奶仔猪是指 3~5 周龄断奶到 8~10 周龄阶段的仔猪,一般在保育舍饲养(图 5-4)。采用高床限喂栏分娩的猪场,多采用一次性断奶法;采用地面平养分娩的猪场,最好采用逐渐断奶或分批断奶,一般5天内完成断奶工作。仔猪断奶是继出生以来又一强烈的刺激。首先是营养的改变,由吃温热的液体母乳为主改成吃固体的生干饲料;二是由依附母猪的生活改为完全独立的生活;三是生活环境的改变迁移,由产房转到育仔舍,并伴随着重新编群,发生运输和并窝的较强应激;四是容易受到病原微生物的感染而患病。以上诸多因素影响仔猪正常的生长发育并造成疾病。加强断奶仔猪的饲养管理会减轻断奶仔猪应激带来的损失。

图5-4　断奶仔猪

（1）断奶仔猪的营养需求　断奶仔猪处于快速的生长发育阶段,一方面对营养需求特别大,另一方面消化器官功能还不完善。断奶后营养来源由母乳完全变成了固体饲料,母乳中的可完全消化吸收的乳脂、乳蛋白由谷物淀粉、植物蛋白所替代,并且饲料中还含有一定量的粗纤维。仔猪对饲料的不适应是造成仔猪腹泻的主要原因。仔猪腹泻是断奶仔猪死亡的主要原因之一,因此科学的营养、料型和饲喂方法对提高猪场经济效益极为重要。断奶前期饲喂人工乳,人工乳成分以膨化饲料为好。实践证明,饲料经膨化可糊化其中的淀粉、抗营养因子被破坏,进行巴氏超高温杀菌,提高了适口性,不仅对仔猪消化非常有利,而且有效地降低了仔猪腹泻。

(2)断奶仔猪的饲养管理

①断奶仔猪的饲喂 目前,主要采取仔猪提前训料,缓慢过渡的方法来解决仔猪的断奶应激问题。训料可以使仔猪断奶后立刻适应饲料的变化。断奶期饲料过渡:断奶前3天减少母乳的供给(给母猪减料),迫使仔猪采食较多的乳猪料。断奶后2周内保持饲料不变,并适量添加抗生素、维生素,以减少应激反应。断奶后3~5天采取限量饲喂,日采食量以160克为宜,逐渐增加,5天后自由采食,但是最好少喂勤添,每日5~6次为宜。2周后饲料中逐渐增加仔猪料量而减少乳猪料,3周后全部采用仔猪料。仔猪食槽口要设置4个以上,保证每头猪的日饲喂量均衡,避免因突然食入大量干饲料而造成腹泻。最好安装自动饮水器,保证供给充足清洁的饮水,饮温水可以显著提高仔猪的生长速度和成活率。

②分群 严格采用"全进全出"的饲养方式,仔猪达到断奶日龄时,将母猪调回配种舍,仔猪仍留在产房饲养1周,使仔猪有一个断奶、转群的适应过程,然后全群转入保育舍。转猪前要彻底消毒,空栏3天以上。保育舍仔猪一般为每个栏位8~10头猪。仔猪断奶、转群后,情绪不安,为减少应激损失,同时避免并群后争斗的发生,最好采取原窝原圈转群,减少混群并群。如需混群并群,则采用对等比例混合,切记不能将单个仔猪混入一窝猪群内。转群并群后要多观察,防止小猪撕咬打架造成损伤。

③环境控制 温度,断奶仔猪适宜的环境温度为26℃~28℃。新断奶仔猪环境温度应与其在产房时的环境温度一致,视猪群的动态逐渐降低。湿度,保育舍湿度过大可增加寒冷和炎热对猪的不良影响,为病原微生物提供滋生场所,引发多种疾病。适宜的空

气相对湿度以 50%～80% 为宜。环境卫生,仔猪采用高床饲养,仔猪粪尿直接从网床排入粪尿沟,粪便定期用刮粪板刮出或人工清除、粪尿分离,既保持了仔猪高床的干燥清洁,又减少了环境的污染,同时也减少了有害气体的产生。

④仔猪调教 新断奶转群的仔猪吃食、趴卧、饮水、排泄均未形成固定区域。加强调教,使其形成良好的生活习惯,既可保持栏内卫生,又为育成、育肥打下了良好的基础,方便生产管理。方法是将食槽设在栏舍一端,饮水器设在栏舍另一端,靠近食槽一侧为睡卧区,靠近饮水器一侧为排泄区,即"三定位"。新转群的猪可将其粪便人为放在排泄区,其他区域的粪尿及时清除,并对仔猪排泄进行看管,强制其在指定区域排泄。1 周左右即可使仔猪形成定点睡卧、排泄的条件反射。同时,为防止仔猪出现咬尾、咬耳等现象,可在猪栏上绑几个铁环供其玩耍。

(3)疾病防治 断奶仔猪由于断绝了母乳这个天然抗体,又没有形成完整的免疫机制,很容易被病菌感染而患病。除了搞好环境卫生以外,使用药物预防和疾病诊断防治是非常重要的。对于新断奶仔猪可在饲料中添加 0.05% 的土霉素,饮水中加入补液盐。对于仔猪几种常见的疾病,如水肿病、流行性腹泻等病需要特别重视。进行仔猪副伤寒、猪瘟、气喘病、萎缩性鼻炎、蓝耳病、圆环病毒病、五号病等的免疫,搞好驱虫工作。

(4)衡量指标 成活率:断奶仔猪成活率应达到 98%。70 日龄转群体重:最新引进的品种,如法系长白猪、大白猪、皮特兰猪及圣特西猪等品种仔猪 70 日龄体重可达 28～30 千克。料肉比:一般品种仔猪 29～70 日龄饲料转化率为 1.5～1.8∶1。猪群整齐度高,无僵猪、弱猪。猪群健康、活泼,体型优美,肢蹄健壮有力。

保育舍饲养管理下表格有仔猪变化表,饲料使用表,药品、疫苗使用情况表(表 5-15 至表 5-17)。

表5-15 仔猪变化表

填表人：_____

日 期	每日仔猪数	发病数	治愈数	死亡数	断奶转入数	到期转出数	发病死亡数	备 注

表5-16 饲料使用表(日、周、月)

填表人：_____

日 期	乳仔猪料	仔猪料	剩余饲料	因故报损数

表5-17 药品、疫苗使用情况表

填表人：_____

日 期	药品名称	入库数量	使用数量	剩 余

(四)后备母猪、后备公猪的饲养管理

1. **后备母猪** 猪场每年都要淘汰一些生产、繁殖性能衰弱的母猪，及时补充后备母猪。更新淘汰率应该在30%以上(图5-5)。

图 5-5　后备母猪

(1)后备母猪的选留

①标准　良好的健康状况,优良的品种性能,健壮的四肢,乳头数 6 对以上,排列整齐,发育均匀良好,高产母猪的后代。

②选拔程序　在仔猪 30~40 日龄时,凡符合品种特征、发育良好、乳头多(6 对以上)且排列整齐的仔猪,均可留种。在 4 月龄育成母猪中,除有缺陷、发育不良或患病外,健康的均可留作种用。在 7~8 月龄时,应选体型长、腹部较大而不下垂、后躯较大、乳头发育好的母猪留作种用。初产母猪中乳房丰满、间隔明显、乳头不沾草屑、排乳时间长、温顺者宜留种。母猪产后掉膘显著,妊娠时复膘迅速,增重快,也就是人们常说的,母瘦仔壮。在哺乳期间,食欲旺盛、消化吸收好的宜留种。

(2)后备母猪的饲养管理指标　配种时合理体重 125~135 千克;配种时月龄 7~8 月龄,不超过 10 月龄;配种时发情次数 2~3次;配种时背膘厚度 16~18 毫米。

(3)后备母猪的营养与饲料　体重在 75 千克左右的后备母猪约处于 4~5 月龄。后备母猪在配种前既要生长又要发育,需要的维生素、微量元素等营养比育肥猪高得多,所以不能用肥猪料、妊娠母猪料代替后备专用料。后备母猪日粮应含有 15% 的粗蛋白质、0.95% 的钙和 0.65% 的磷。根据其膘情确定后备母猪的喂料量,日喂料量为 1.5~3 千克。后备母猪应保持中等略偏上的膘情。正常膘情的后备母猪日喂料量为 2.5 千克。过肥和过瘦均会导致不发情或不受胎。

后备母猪分阶段饲喂。生长育肥前期(体重 30~60 千克)采用生长育肥期饲料,自由采食;生长育肥后期(60~100 千克)采用后备母猪专用饲料,自由采食,要求日龄达 145~150 天时,体重达 95~100 千克,背膘厚度为 12~14 毫米。体重 100 千克至配种前饲喂后备母猪料,应根据膘情适当限制或增加饲喂量。配种前 10~14 天,后备母猪达到初情并准备配种时,可以使用催情补饲的方法来增加卵巢的排卵数量,从而增加窝仔数约 1 头。催情补饲方法:后备母猪在配种前 10~14 天开始自由采食,增加日喂料量。使用催情补饲在后备母猪配种当日开始必须立即把采食量降下来,每日减少喂量 0.3~0.5 千克,妊娠前期过量饲喂会导致胚胎死亡率上升,减少窝仔数。

(4)后备母猪的管理要点

①日常管理 大群饲养有利于早期发情,最好不要单栏饲养。适当的运动有利于尽早发情。体重达标后,每日用试情公猪查情 1~2 次。第一次发情就必须做好记录,便于确定是否配种。后备母猪最好配 3 次。

②诱情 后备母猪在 150~160 日龄时进行换圈或合圈(要求 145 日龄时体重达到 95 千克),然后每日让它们与 10 月龄以上且性欲旺盛的公猪鼻与鼻相接触,此法有助于使它们首次发情同步,有利于配种计划的实施。

③免疫和驱虫 要在配种前完成猪瘟、蓝耳病、口蹄疫、圆环病毒病、细小病毒病、伪狂犬病、流行性乙型脑炎等的免疫工作,进

行 1~2 次驱虫。

2. **后备公猪** 见图 5-6。

图 5-6 后备公猪

（1）**营养与饲料** 饲喂公猪专用料,饲料中粗蛋白质含量为 17%~18%,可消化能在 13.38~13.79 兆焦/千克,高温季节可适当增加赖氨酸、维生素 E、维生素 C 的含量,以提高公猪的抗应激能力和精液质量;日喂料量 2~3 千克。注意保证清洁的饮水,膘情控制在比同日龄的母猪低 1 分(按 5 分制的评分标准)即可。

（2）**温度适宜** 公猪适宜温度为 18℃~23℃,空气相对湿度为 60%~80%,公猪的睾丸温度正常应比体温低 2℃~3℃,睾丸的温度升高将导致生殖上皮细胞变性,雄性激素合成受阻,精子受损,生精功能下降,精液品质下降;环境温度超过 30℃,公猪的精液品质需要 6~8 周的时间才可能恢复,因此夏天对公猪进行防暑降温,将舍温控制在 25℃ 以内是十分必要的。

公猪的降温措施:由于温度对公猪精液质量影响很大,建议采取有效的降温措施。公猪舍由于空间小,可使用空调降温,效果明显;公猪比较多或者关在大栏的猪场可采用湿帘降温,循环水一定要使用地下水,保证舍温在 25℃以下为好;一些开放式的公猪舍可采用吊扇+喷淋,或在公猪圈外修一个 25 厘米深的水池,舍外覆盖一层遮阳网,使公猪能卧于水池中降温。

(3)**隔离与适应**　隔离与适应是保持猪场健康的一项必要措施,也越来越被大家所接受,特别是蓝耳病阳性场引进阴性猪时此项工作显得尤为重要,否则公猪极有可能会出现无精、死精、精液稀薄的情况。

①隔离　对新进场种公猪,隔离时间最少不少于 4 周,以 4~8 周为宜,如果原有猪场为蓝耳病阳性场,则需隔离 8 周以上。隔离期结束后如果猪经检测无疫病,可进入适应期,一直持续到配种。

②适应　目的是使新进的种猪能适应原有猪群的微生物环境,使原有猪群能与新种猪在微生物环境上达到平衡。措施:第一周用产栏仔猪的粪便与新公猪接触;第二周用产栏的新鲜猪粪少量放入公猪栏;第三周按 1:5~10 的比例将 30~40 千克的生长猪与新公猪相邻关放,最好能通过猪栏进行接触;适应的第四周至配种前,按 1:20 的比例将淘汰的公、母猪与新公猪相邻关放,防止新公猪受伤;如出现严重的不良反应,应立即停止接触。

(4)**免疫**　疫苗接种是保证猪只健康的重要措施之一,在隔离期结束后进行,疫苗注射的种类每个场不一定相同,主要是根据当地的疫情和猪场的地理位置、生物安全的力度及猪群的健康状况决定。猪瘟疫苗,配种前至少接种 1 次;口蹄疫疫苗,每 3~4 个月普防 1 次;乙脑疫苗,虽然乙脑的母源抗体可持续 150 日龄,但是实际生产中经常出现公猪睾丸一大一小,建议公猪到场后尽快注射乙脑疫苗,每年 4~5 月份免疫 1 次;伪狂犬病疫苗,适应期注射 2 次;细小病毒病疫苗,180 日龄、210 日龄注射 2 次;蓝耳病疫苗,根据实际情况自行决定;气喘病疫苗,如果原有猪场为气喘病阳性,气喘病阴性猪到场后 3~7 天就要注射疫苗,3 周后加强 1 次,圆环病毒病疫苗应当安排注射。注意每种疫苗注射应间隔 5~

7天。

(5)**配种强度**　后备公猪配种调教阶段 7~9 月龄,每周采精 1 次;早期配种阶段 10~12 月龄,每周采精 1.5 次;性成熟阶段 12 月龄以上,每周采精 2 次。即使公猪不配种每周也必须采精 1 次,精液弃之,以保持睾丸内精子的活力。

(6)**公猪的调教**　后备公猪 6~7 月龄可以开始调教,一般来说只要方法得当,10 月龄以下的公猪 90% 以上都能调教成功。有些人认为公猪很难调教,主要是因为缺乏耐心,不会与公猪交流,或者假台猪的设置存在问题。

公猪混养,相互爬跨和公猪调教日龄太晚,出现本交会增加调教难度。采精室设计不合理,公猪看不见其他公猪采精的过程;采精栏太大、分散公猪的注意力等不利于后备公猪调教。

调教的方法:①公猪转入采精室后不要马上调教,应让其熟悉环境 3~5 天后再开始调教。②如果是旧场,应把新公猪关在假台猪的旁边,让其观察其他公猪采精的过程;如果是新场,先调教性欲强的、攻击性强的公猪,调教成功后关在边远的地方,把未调教的公猪关在假台猪的旁边,让其观察其他公猪采精的过程,因为公猪看见采精公猪下台后愉悦的表情很容易模仿,有些根本不用调教就会爬跨。③假台猪的周围不要放任何东西,以免分散公猪的注意力,尽量使公猪的注意力集中在假台猪上。④先采 1 头调教好的公猪,公猪留下的分泌物不要打扫,猪的嗅觉非常灵敏,假台猪上留有猪的气味会对公猪形成一个强烈的嗅觉刺激,尤其是公猪的尿液。⑤调节好假台猪的高度,新公猪赶入采精栏后让其活动几分钟,用一湿毛巾(上面带有公猪的分泌物更好)引诱公猪靠近假台猪,同时不停地与公猪进行交流,用手轻拍假台猪让其注意力集中在假台猪上。如果公猪用嘴巴咬假台猪,可用手轻轻抚摸其头部和鼻子,整个过程中要不断与公猪交谈说些赞美的话。公猪一旦爬跨成功不要慌张,用大腿顶住其臀部防止滑下,等公猪连续抽动几次后用左手或右手轻握阴茎顺势拉出（新员工此时可能用眼睛去看公猪的阴茎，手忙脚乱抓不住，更不用说用右手在右侧操作），等公猪完全射完精阴茎疲软后才结束。公猪下来后可以对其抚摸，说些赞美的话，活动 1~2 分钟后赶走。⑥如果新公猪最初爬跨假台猪时方向不对，这时不要试图纠正它，将公猪拍打下来只会取得相反的效果，只要能把精液采出来让其产生愉快的感觉即可。如果只是位置稍微偏了一点，可以用肘部轻推其靠近准确位置。⑦开始调教时新公猪一般怕人，这时与公猪进行交谈非常重要，让其对操作人员产生信任感，否则调教不可能成功，此时要有耐心，千万不要因为公猪不爬跨而对公猪生气或打骂。每头公猪每次调教的时间为 15~20 分钟，如果不成功就等下次，因为它已对假台猪不感兴趣，不但浪费时间，还可能会影响下一次调教。⑧一旦调教成功，接下来的 3 天内应连续对其采精，以巩固其习性。

如果以上方法行不通的话，可以试用下面的方法：

①调节假台猪的高度。用两个栏杆把公猪控制在假台猪的后面，公猪走不了，人在侧面对公猪进行引诱，个别公猪可调教成功。②把一肥猪的皮铺在假台猪上，撒些公猪的尿液或者分泌物，在视觉和嗅觉上给公猪刺激。③取一头仔猪放在假台猪上拍打使其发出叫声，个别公猪会爬跨。④选一头发情特别好的母猪放在采精栏的旁边，通过外激素给公猪以强烈的刺激，使其性欲高涨，再引诱其爬跨。

（五）育肥猪的饲养管理

1. **育肥猪生产在猪场中举足轻重**　育肥猪可以大栏饲养，每栏 8~12 头为宜，每头猪占地 0.8~1.2 米^2（图 5-7）。

育肥猪在实际生产中，占有很重要的地位。很多猪场，目前面临一个共同的难题、共同的困惑，就是招工难。要招到一个责任心

图5-7 育肥猪

比较强的饲养员难,要招到一个合格的场长,可以说是难上加难。现在很多大场的饲养员都跑到小场去当场长了,这说明还是人才的缺乏。那么,育肥猪的饲养管理现在成了什么样的状况?育肥车间现在是成了很多猪场的"人才选拔基地"和"人才的试用基地"。不管是大学生也好,农民工也好,还是招聘的新饲养员,首先把他放在育肥车间,让他们"磨炼"。有的猪场育肥车间的饲养员像"走马灯"一样,年更新率可达300%～400%,这是为什么呢?因为好的人才都被挑选走了,到产房、保育、配种车间去了,剩下的,要么不干,要么是重新应聘进来的。育肥车间人员的不稳定给育肥生产带来很大的影响。

　　还有一个误区,就是人员不经过严格的培训就直接上岗了,因为现在招工难,不可能把每个工人招进来后,都通过严格的培训,合格后再上岗。很多人都是"抓壮丁"来顶班的,也就是凑人数维持现状。

　　另外,有些老板认为育肥比较简单,所以他的设备设施比较简陋。这样,就导致了我们通常说的育肥阶段出现"双高"的现状。

所谓"双高"就是料肉比高和死淘率高。现在很多猪场可能都有一个共同的感受,是什么呢? 产房没什么问题,保育猪的死亡率也控制得比较好,但是到了育肥的前期,为什么有的死淘率达到8%,甚至超过10%,为什么? 这里面有人为的因素、疾病的因素,也有设备的因素;有的猪场设备简陋,冬天不能保温,夏天不能降温,环境条件不能满足各阶段猪只的要求,导致猪的应激大,死亡率也很高。

那么,育肥猪在我们生产中的地位到底重不重要呢? 其实很多养猪人都知道,一个猪场育肥猪的数量约占整个猪群数量的60%。例如,一个万头猪场,600头母猪,总体存栏量是多少? 肯定有的人一时说不出来。告诉大家一个简单的计算方法,正常的存栏量是母猪数乘以9,再加上你的母猪数量。比如一猪场有600头能繁母猪,且自繁自养,那么总存栏数等于母猪数乘以9,等于仔猪和肥猪的数量5 400头,再加上600头母猪,总存栏量即为6 000头左右,正常情况下猪场总存栏数一般在5 500~6 000头,不可能超过7 000头。各阶段猪各占比例:产房哺乳仔猪占15%左右,保育猪约占25%,育肥猪约占60%。行情越好,育肥猪出栏体重越大,压栏现象越明显,所占比例也越大。

养猪生产中饲料成本占的比重比较大,占整个养猪成本的70%甚至以上。一般育肥猪又占整个猪场用料量的70%~75%。衡量一个猪场生产效益的好坏,一般有两个重要的指标:全群料肉比(也叫作综合料肉比)和一头母猪年提供出栏猪的数量。一个万头猪场如果全群的综合料肉比每降低0.1,每年可节约饲料费30万元。如果料肉比由3.6降到3.3,那么1年纯利大约会增加100万。1名育肥猪饲料员在正常情况下,1年提供出栏猪的数量是1 500~2 000头,当然各个场的情况不一样,按出栏1 600头计算,一个好的饲料员和一个差的饲养员,育肥阶段的料肉比可以相差0.5以上。一个好的饲养员他的料肉比可以达到2.6,一个差的饲养员他的料肉可以达到3.1,那么仅仅这0.5,全年就可相差22.4万元的效益(按出栏1 600头肥猪算,出栏体重100千克,相差的料肉比也是0.5,按肥猪现在的料价大约2.8元/千克计算,即1 600头×100千克×0.5料肉比×2.8元/千克=22.4万元)。

同时,把产房里的一个好饲养员和一个差饲养员做对比。通常情况下,好的饲养员的断奶仔猪的成活率可以达到95%以上,差一点的可以达到90%。那么,1年提供断奶仔猪数相差150头左右。一头新生仔猪的直接成本按150元算,那么一个好的饲养员与一个差的饲养员1年的效益相差2.25万元。由此说明,一个好的育肥场的饲养员,对猪场效益的贡献远远大于好的产房饲养员。所以,各猪场不要忽略育肥猪的饲养管理。

2. 育肥猪饲养管理

(1)首先要做好入栏前的准备工作 有的饲养员可能经验不足,猪一卖完马上进行冲栏、消毒,这当然很好,但是方法不对。猪群走完以后,首先要把猪栏进行浸泡,用水将猪栏地板、围栏打潮,每次间隔1~2个小时,把粪便软化,再进行冲洗,这样冲洗就快了,可节省时间,提高效率。还有的饲养员冲完栏以后,立即进行消毒,这个方法不对。按正常的程序,是浸泡→冲洗干净→干燥→消毒→再干燥→再消毒,这样才能达到很好的效果。

(2)育肥猪入栏前做好各项准备工作 包括对猪栏进行修补、计划和人员安排等。比方说,育肥猪每栋计划进多少、哪个饲养员来饲养等都要提前做好安排,这些是饲养员小组长考虑的事,但每个饲养员也应当知道。包括转猪当天的天气状况,都要有所了解。对设备、水电路进行检查,饮水器出水情况,冬天入栏前猪舍内保暖防风设施,水管、饮水器会不会受冻,都要考虑。猪群入栏以后,进行合理的分群,按公母、大小、强弱分群,以提高猪群的整齐度,保证"全进全出"。饲养密度要合理,保证每栏10~16头,超过了18头以上,猪群大小很容易分离。密度过小,不但栏舍利用率下降，而且会影响采食量。另外，每栋猪舍要留有空栏，为以后的第二次、第三次分群做好准备，要把病、残、弱猪隔离开。例如，进300头猪，不要把所有的栏都装满，每栋最起码要留5~6个空栏。如果计划每栏13头猪，那么入栏时可以多放2~3头，养16头。过1~2周后，再把大小差异明显的猪挑出来，重新分栏。这样，可保证出栏整齐度高，栏舍利用率也高。

猪群入栏，最重要的一点是要进行调教，即通常说的"三点定位"。"采食区"、"休息区"、"排泄区"，要定位，保证猪群养成良好的习惯；只要把猪群调教好了，饲养员的劳动量就减轻了，猪舍的环境卫生也好了。三点定位的关键是"排泄区"定位，猪群入栏后将猪赶到外面活动栏里去，让猪排粪排尿，经1天定位基本能成功；如果栏舍没有活动栏，就把猪压在靠近窗户的那一边，粪便不要及时清除。有的栏舍有门开向走道，如果不调教，猪很容易在门这个地方排泄，因保育猪在保育床上时，习惯在金属围栏边排泄，所以调教时要把肥猪舍的栏门"守住"。转群第一天，要求饲养员对栏舍内粪便不停地清扫，并将粪便扫到靠近窗边的墙角，这样可以引导猪群固定在靠窗墙角排泄。

（3）用料管理　一些猪场的育肥猪饲料始终只有一种料。洋三元猪虽然生长速度快，但是如果配方不科学，也不可能140天平均体重达到110千克。应按育肥猪不同阶段营养需要配制不同饲料。另外，要减少换料应激。换料时实行"三天换料"的方法，简单易行，即保育猪料和育肥猪料分别按2：1、1：1、1：2配比3天过渡完。

（4）饲喂方式　通常育肥猪的饲养方式有"自由采食"和"定餐喂料"两种。这两种饲养方式各有优缺点。自由采食省时省工，给料充足，猪的发育也比较整齐。但是缺点是容易导致猪的"厌食"；容易造成饲料浪费，因为给料充足，猪吃饱后拱料，造成浪费；饲料容易霉变，是剩料在食槽底存积所致。另外，由于自由采食猪只不是同时采食、同时睡觉，所以很难观察猪群的异常变化；也容易使部分饲养员养成懒惰的作风，他们把食槽加满以后不进猪栏，不去观察猪群。

定餐喂料优点：可以提高猪的采食量，促进生长，缩短出栏时间。有人做过试验，同批次进行自由采食的猪和定餐喂料的猪相比，如果定餐喂料做得好，可以提前 7～10 天上市。定餐喂料的过程中，更易于观察猪群的健康状况。定餐喂料的缺点是：每日要分3～4 次喂料，饲养员工作量加大。对饲养员的素质要求高，如果饲养员素质不高、责任心不强，很容易造成饲料浪费或者喂料不足的情况。

一些育肥猪饲养员有一误区，认为猪长到 75 千克以后就减少喂料了，认为猪 1 天要吃 3 千克饲料是浪费钱，但他不知道，育肥后期猪 1 天增重 1 千克，能赚很多钱。对一头育肥猪一天喂料量很多人心里没数。一个简单的估算方法，每日喂料量是猪体重的3%～5%。例如，体重 20 千克的猪，按 5% 计算，那么 1 天大概喂 1千克料。以后每周增加 150 克，至体重 80 千克后，日喂料量按其体重的 3% 计算。当然，这个估计方法也不是绝对的，要根据天气、猪群的健康状况来定。

育肥猪饲喂提倡"早晚多，中午少"。晚餐占全天耗料量的40%，早餐占 35%，中餐占 25%。为什么？因为晚上的时间比较长，采食的时间也长；早晨，因为猪经过一晚上的消化后，胃肠已经排空，采食量也增加了；中午因为时间比较短，且此时的饲喂以调节为主，如早上喂料多了，中午就少喂一点，早上喂少了，中午可多喂一点。

（5）科学投喂　喂料要注意"先远后近"，以提高猪的整齐度。有这样一个现象，靠近猪栏进门的和靠近饲料间的猪栏里，猪长得快，越到后面猪栏猪越小。所以，要求饲养员要从后面往前面喂，因为有些饲养员推一车料，从前往后喂，看到料快完了，就慢慢减少喂料量,最后没有了也懒得再加料。如果从远往近喂的话,最后离饲料间近,饲养员补料也方便了,所以整齐度也提高了。

保证猪抢食。养肥猪就要让它多吃,吃得越多长得越快。怎么让猪多吃?得让它去抢。如果喂料都是均衡的话,猪就没有"抢"的意识了。如果每餐料供应都很充裕的话,猪就不会去抢了。所以,平时要求饲养员,每周尽量让猪把食槽里的料吃尽吃空2次。比如,周一本来这一栋栏这餐应该喂4包饲料的,就只喂3包,让猪只有一种饥饿感,到下一餐时,因为有些猪没吃饱,要抢料,采食量就提高了;抢了几天以后,因喂料正常,"抢"的意识又淡化了。到了周四的中午,又控料1次,使猪抢料。这样,始终让猪处于"抢料"的状况以提高猪的采食量。

有人说,饲料多喂是浪费,那就少给。其实,少给料同样也是一种浪费。因为,少给料以后,猪饥饿不安,到处游荡、嚎叫,都消耗体能。所以,喂料要做到投料均匀,不能多,也不能少。

(6)控制好育肥猪养殖环境　关键做好"三度一通一照",即温度、密度、湿度、通风和光照。育肥阶段的最适温度为20℃~25℃,每低于最适温度1℃,体重100千克的猪每日要多消耗饲料30克。如果温度高于25℃,猪散热困难,采食量下降,因此寒冷的冬天和炎热的夏天,育肥猪的出栏时间往往会推迟。另外,舍内温度骤变,很容易造成猪的应激。所以,一个合格的饲养员每日应关注天气的变化。

另外,就是湿度和通风。据观察,90%以上的猪场,通风换气工作没做好。通风不仅可以降低舍内的湿度、温度,而且可以改善空气质量,提高舍内空气的含氧量,促进生猪生长。自然通风往往达不到通风换气的要求,必须强制通风。秋、冬季节通风换气没做好,是猪场发生呼吸道病的重要原因之一。

很多人认为,育肥猪还需要什么光照?到了冬天,有的猪场为了省钱,舍不得用透明薄膜钉窗户,就用五颜六色的塑料袋封住,这样很容易造成猪舍阴暗,舍内阴暗,导致猪乱排粪便。

实践证明,体重 15~60 千克的猪每头需要占地面积 0.6~1 米^2,60 千克以上猪需要 1~1.2 米^2。猪舍要保持清洁干燥,空气新鲜,并定期消毒。

所以,要想养好肥猪,必须做好"二十八字"经,即干净干燥、气温适宜、空气新鲜、合理密度、全进全出、按时防疫、适时保健。

国内一般商品猪都是采用三元杂交模式培育出来的,最常见的是"杜+大+长"或"杜+长+大"。还有一些配套系品种生产性能也很好,比如 PIC 配套系、斯格配套系、达兰配套系等。这些洋品种虽然生产性能非常好,但肉质一般。如果想要生产高档猪肉,建议采取"本地品种+洋品种"的二元杂交模式,这样既可以得到理想的生长速度,又可以得到高品质的猪肉。

育肥猪生产常用表格见表 5-18 至表 5-20。

表 5-18　猪群变化表

填表人:＿＿＿＿＿＿＿＿

日　期	新转入仔猪数	饲养肥猪数	转出肥猪数	淘汰死亡数简单说明原因

表 5-19　饲料用料表(日、周、月)

填表人:＿＿＿＿＿＿＿＿

日　期	仔猪料	中猪料	大猪料	剩余饲料	因故报损数

表 5-20　药品、疫苗使用情况

填表人：_____

日　　期	药品名称	入库数量	使用数量	剩　余

规模猪场周工作日程见表 5-21，仅供参考。

表 5-21　猪场每周工作日程表

日　期	配种妊娠舍	分娩保育舍	生长育成舍
周一	日常工作,大清洁大消毒;淘汰猪鉴定,观察发情情况	日常工作,大清洁大消毒;临断奶母猪淘汰鉴定	日常工作,大清洁大消毒;淘汰猪鉴定
周二	日常工作,更换消毒池(盆)药液;接收断奶母猪;整理空怀母猪,观察发情情况	日常工作,更换消毒池(盆)药液;断奶母猪转出;空栏冲洗消毒	日常工作,更换消毒池(盆)药液;空栏冲洗消毒
周三	日常工作,观察发情情况,不发情、不妊娠猪查原因,集中驱虫、免疫注射	日常工作,驱虫、免疫注射	日常工作,驱虫、免疫注射
周四	日常工作,大清洁大消毒,调整猪群,观察发情情况、配种	日常工作,大清洁大消毒,仔猪去势、僵猪集中饲养	日常工作,大清洁大消毒,调整猪群

续表 5-21

日　期	配种妊娠舍	分娩保育舍	生长育成舍
周五	日常工作,更换消毒池(盆)药液,临产母猪转出,转接断奶母猪,观察发情情况,配种	日常工作,更换消毒池(盆)药液,接收临产母猪,做好分娩准备	日常工作,更换消毒池(盆)药液,空栏冲洗消毒
周六	日常工作,观察发情情况,配种,空栏冲洗消毒,接入断奶母猪	日常工作,仔猪强弱分群转入、转出仔猪,出生仔猪剪牙、断尾、补铁等	日常工作,接入下床保育仔猪,出栏猪鉴定
周日	日常工作,妊娠诊断、复查;设备检查,维修观察发情情况、周报表	日常工作,清点仔猪数;设备检查,维修周报表	日常工作,存栏盘点;设备检查维修、周报表

三、不同季节猪的饲养管理要点

(一)春季的饲养管理

春季养猪的不利因素:天气变化反复,风多且大,气温时高时低,昼夜温差较大;随气温的逐渐回升,各种病原滋生活跃起来。猪群在越冬期间身体抵抗力普遍下降。初春有很多养猪户从外引种引苗补栏,很容易"引病入室"。春季应采取以下饲养管理措施:

1. **检查、加固、修复猪舍,搞好消毒** 春季风大、气温变化大,因此检查和修复塑料薄膜覆盖的棚室猪舍和其他类型猪舍破损处,创造一个有利于猪只生长发育的小环境尤为重要。特别是在北方地区,经产母猪一定要实行暖房产仔,这是保证仔猪全活全壮的基础。同时,对猪舍加强消毒,防止病菌生长繁殖,交替使用消毒剂消毒。

2. **精细管理，科学喂养** 重视春季仔猪的饲养管理。因此，要改善哺乳母猪的饲养管理，保持乳房的清洁卫生，做好开食、补饲、旺食的 3 个环节，使仔猪平安渡过初生关、补料关和断奶关，应特别护理好断奶仔猪，预防仔猪痢疾应在母猪妊娠后期注射疫苗。供给营养均衡的日粮，春季青绿饲料缺乏，最好在日粮中添加胡萝卜等多汁饲料和啤酒糟、饼类饲料，以增进猪的食欲，同时要补充维生素、微量元素添加剂。

3. **加强防疫，按时驱虫** 春季除要严防猪瘟、猪丹毒、猪肺疫、仔猪副伤寒、气喘病、猪传染性胃肠炎、仔猪大肠杆菌等传染病的发生。严格按照免疫程序做好猪的免疫注射，切忌漏注、疫苗失效等情况。一旦发现疫病，要严格封锁、消毒，强化预防注射，无害化处理死猪尸体。如果周围地域发生了疫情，除搞好本场消毒外，还应严格禁止外来人员、车辆进入猪场，本场车辆、人员外出回来后按要求彻底消毒、隔离方可进入。春季进行全群猪只的驱虫，可以在饲料中拌入广谱、高效、安全的驱虫药物，如阿维菌素、伊维菌素等，至少连续添加 2 次以上。

（二）夏季的饲养管理

生猪皮下脂肪厚，汗腺不发达，夏季极易掉膘，易中暑，所以盛夏必须加强防暑降温，减少蚊蝇，确保生猪安全越夏。饲养管理要点如下：

1. **控制猪舍环境** 一是降低饲养密度，饲养密度降低 25%～30%可避免拥挤，改善空气质量，减少热应激；尤其是妊娠母猪，若密度过大，会因炎热烦躁咬斗引起流产，最好单栏饲养。育肥猪每头占地面积不少于 1 米^2。二是采取有效降温措施，如喷淋地面和猪体，加装湿帘、遮阳网、风扇通风换气。三是每日清除粪便，定期消毒、杀灭蚊蝇。

2. 控制配种和产仔时间 避开最炎热的 7~8 月份配种和产仔,合理安排生产;同时,本交配种、采精工作安排在天气较凉爽的时候进行。选择母猪分娩前 3 天左右早晨凉爽时上产床。高温条件下常出现母猪分娩时间较长,使胎儿停留产道时间过长而窒息死亡。可在预产期前 2 天清晨注射氯前列烯醇 0.2 毫克/头,至24~28 小时后分娩,产下 3~5 头后,注射缩宫素 3~5 毫升。这样既可诱导母猪在清晨分娩,又可缩短产程,减少死胎。

3. 控制饲粮喂量 高温环境下增加妊娠后期及哺乳母猪营养摄入量。哺乳母猪料应保持较高的营养水平,可添加 2%~5% 脂肪或 1%~1.5% 的油脂、0.1%~0.2% 的赖氨酸,分娩前 4 周的母猪日采食量应达到 2.5~3.2 千克,泌乳旺期应达到 6 千克以上。育肥猪日粮中添加诱食剂,以提高采食量,保持商品猪较快的生长速度。经常饲喂青绿饲料可提高食欲,并有消暑作用,适当增加维生素 E 和维生素 C 的含量,对防止热应激有一定效果。禁止饲喂发霉变质饲料。

4. 改变饲喂方式 改变料型,采用湿拌料,水料比为 1∶1,可提高采食量 10% 左右,现拌现喂,防止酸败变质;同时,多喂青绿饲料,尤其是母猪。增加饲喂次数,晚上加喂夜饲,特别是泌乳高峰期的母猪。调整饲喂时间,在清晨和傍晚凉爽时喂料,尽量避开正午饲喂,做到早上早喂、晚上多喂、夜间不断料。注意,调节饲喂时间应循序渐进,随着温度的变化逐渐调整,不能突然改变。

5. 保证充足、清凉的饮水 首先确保饮水器正常无损。可适当、阶段性地在饮水中添加 0.1%~0.2% 人工盐或 0.5% 小苏打,以调节母猪体内电解质平衡,减少热应激的发生。应保证活动场上的饮水不间断,并将饮水器置于阴凉的地方,以避免日光直射升温。

(三)秋季的饲养管理

秋季的气候特征是白天气温高、光照强,夜晚温度低,多风和多雾。昼夜温差达到 10℃ 以上,蚊蝇肆虐。秋季饲养管理要点如下:

1. **密切关注气候变化** 秋季风干物燥,要及时做好防风、防火工作。修缮猪舍,为越冬做好准备。

2. **加强防疫** 根据传染病的流行特点,秋季易发生大规模的传染病,但由于气温多变,容易诱发猪病,须按照防疫规程做好防疫工作,重点预防猪肺疫、猪瘟、猪丹毒、猪肺炎、猪流感这 5 种传染病。另外,还要注意防治猪附红细胞体病、猪感冒、猪链球菌病、传染性胃肠炎等疾病。加强对猪舍的清扫、消毒工作,一般每日清扫 1 次圈舍,3 天进行 1 次消毒,以避免细菌滋生。秋季驱除猪体内、外寄生虫病,为冬季饲养做好准备。

3. **做好饲料安全工作** 防止饲料霉变,建议对饲料进行筛选和物理处理,包括用除杂机和振动筛等;在饲料中使用优质脱霉剂,清除饲料当中残存的霉菌及霉菌毒素。饲喂时要做到少添勤添,添料前都要对食槽清扫,保证无剩料。另外,还要做好饲料的储备。由于秋季多雨,如果青饲料采收过多,贮存加工不当,很容易发生霉烂,堆积过久,青草内含的硝酸盐会转化成剧毒亚硝酸盐,猪吃后会中毒或因严重缺氧而窒息死亡,所以要特别注意。

(四)冬季的饲养管理

冬季气候寒冷、风雪骤起。猪需要更多的热量抵御寒冷。
冬季养猪生产中应该注意的事项如下。

1. **加强猪舍保温** 北方地区,开放式猪舍应搭建塑料保温棚,封堵窗子及多余的通风口,在门口挂上棉帘、草帘,防止冷风进入,以利保温;砖混结构的猪舍,重点是加强北面窗户的保温,在关闭的窗外加上双层保温膜(里层为透气性、吸湿好的麻棉布,外层为塑料薄膜),此法可将舍内温度提高5℃左右;散养半敞开式单列猪舍,北面窗户可用砖泥封闭,走廊两头用厚棉被挂在门外遮风,南面用塑料薄膜覆盖,上面再盖一层厚草苫。

2. 改善舍内空气质量　冬季为了保温,会降低通风而导致舍内湿度过高及有害气体的滞留,容易诱发猪的呼吸道等疾病,所以应勤打扫舍内粪便,降低因粪便分解产生的有害气体;在保持舍内温度的前提下,加大通风量,降低有害气体浓度;定期不定期地进行圈舍消毒,最好采取火焰消毒法;做好"五观察",即观形态、观精神、观采食、观粪尿、观呼吸,发现异常及时诊断,尽早隔离治疗。通常在没有大风、阳光充足的中午12时至下午2时将南面的窗户稍微打开以利于换气。

3. 采暖措施　提高舍温的设备很多,如采用热风炉、煤炉、暖气设施等,煤炉加热要特别注意防止煤气(一氧化碳)中毒。冬季可以增加30%~40%饲养密度,靠猪群自身温度的散发,来提高舍温(适用于育肥猪);对初生仔猪,在使用供暖设备保持产房温度在22℃~25℃的同时,还应选用仔猪电热板、红外线灯泡等加热设备为仔猪保育箱提供热源,使保育箱温度保持在30℃~32℃。

4. 合理饲喂　冬季尽量饲喂干粉料,或采用温热水拌料,有条件的应提供清洁的温水(37℃),供猪自由饮用。饮用温水可以减少胃肠刺激,保持体温,提高仔猪成活率,减少妊娠母猪流产。

第六章

猪的配种与人工授精技术

　　猪的配种是猪场一项非常重要的工作,配种成绩直接影响猪场的经济效益。配种可以分为本交(即由公猪直接给发情母猪配种)和人工授精两种方式。中小型猪场配种工作一般由饲养员完成,但在大型猪场由专门的配种员完成,需要饲养员配合,所以配种工作也是饲养员的一项重要工作。

一、猪的本交

　　猪的本交是指发情母猪与公猪的直接交配,分为单次配种、重复配种、双重配种、多次配种。单次配种指在一个发情期内,只与1头公猪交配1次。重复配种指第一次配种后隔8~12小时与同一公猪再配1次。双重配种指母猪与同一品种或不同品种的2头公猪,间隔10~15分钟各配种1次。多次配种指与同一公猪或不同公猪交配3次以上,分别在母猪发情后第12、24、36小时进行。母猪有持续排卵的特点,重复配种或双重配种可提高受胎率和产仔数。

　　饲养员应当注意观察猪的发情情况,发现母猪有爬跨行为或按压背部时不动、吃食减少,走到公猪圈门口不走、外阴红肿或流出黏液等表现时,可以判断为发情。在发情开始后 12～24 小时及时把母猪赶到配种栏内,围栏 12 米² 左右即可,地面不宜太光滑。公、母猪配种,可以适当进行人工辅助,饲养员或配种员应当在看到公猪射精以后再把公、母猪分开,赶回圈栏内,并做好配种记录。为了提高配种受胎率,配种 3～4 小时后或第二天可再用其他公猪或该公猪进行重复配种。

二、猪人工授精所需器具及种公猪调教

猪的人工授精是指用器械采集公猪的精液,经过品质检查、处理和保存,再用输精器械将精液输入到发情母猪的生殖道内以代替自然交配的一种配种方法。

(一)猪人工授精器具

图 6-1 至图 6-3 是猪人工授精的常用器具。

图 6-1　猪采精用假台猪台、防滑垫

图 6-2　猪用采精杯及
精液稀释粉

图 6-3　猪输精用
人工授精器具

(二)种公猪调教方法

人工授精技术需要将种公猪的精液采集出来,所以首先需要对种公猪进行采精调教。

1. **调教种公猪操作方法**　公猪达到 6 个月龄后,一般都会有爬跨其他公猪、小母猪和一些物体的行为,这是公猪的一种特性。7 月龄开始,就可以考虑调教后备公猪爬跨假台猪采精。每日将假台猪安放进采精室,并防止公猪逃跑,敲(拍)击假台猪以诱导其爬跨,每次调教时间 20 分钟,一旦公猪爬跨上假台猪,采精人员应随时进行正确的采精。因此,调教公猪的人员必须采精技术十分熟练。如果公猪没有爬跨假台猪,应将公猪赶回,第二天再进行调教。

如果想尽快调教成功,可将发情母猪尿或分泌物涂在假台猪的后部,然后让公猪与假台猪接触、熟悉,待其爬跨后从后侧上前采精。

有些公猪胆小或不爱活动,可用发情母猪尿涂在布上,当将公猪赶入采精室时,让公猪嗅闻,并逐步诱导其爬上假台猪。

对采用以上方法调教不成功的公猪,可采用下面的方法:先将一头体格中等、发情旺盛的母猪赶入采精室,并在其背部搭上麻袋;然后将待调教的公猪赶入采精室,公猪会很快爬跨发情母猪,由两人将其抓耳拉下,公猪会再次爬跨,待其达到性高潮时,表现为急躁、呼吸急促,这时将公猪拉下后,马上用麻袋遮住公猪眼,赶走发情母猪,将麻袋搭在假台猪上,诱导公猪爬跨假台猪。

对性欲较差的小公猪可先让其与发情旺盛的经产母猪进行2~3次本交,以激发其性欲,然后再调教其爬跨假台猪。

2. 调教公猪爬跨假台猪应注意的事项

①要有足够的耐心。采精员的耐心是公猪调教成功的关键,不要期望一次调教就能成功;不要强迫公猪爬跨假台猪;不要将公猪长时间关在采精室;不要对公猪进行各种惩罚。否则,公猪对采精训练会产生厌恶,不愿进入采精室,调教难度会更大。如果第一次训练持续20~30分钟,公猪仍不爬跨假台猪,应将公猪赶回圈内,第二天再进行同样的训练。

②采精室要能防止公猪逃跑。待调教的公猪对采精室开始不熟悉,也不能理解采精员的意图,往往总想逃出采精室。只有经过一段时间熟悉后,才会积极探索周围环境,并尝试爬跨假台猪。

③谨慎接近公猪,保证安全。一些性情急躁的小公猪可能会攻击人,特别是用发情母猪诱导其爬跨假台猪时,更易产生攻击人的行为。因此,一是不要离公猪的头部太近,二是不要对着看不见公猪的方向进行操作。

④必要时由采精员亲自饲喂和管理待调教公猪。建立人猪亲和关系是公猪调教的一个重要条件,在调教公猪前先由采精员对公猪进行一段时间的饲喂,并每日刷拭公猪体表,可以避免公猪对采精员产生好奇、恐惧、防御等行为,有利于接近公猪进行相应操作。

⑤公猪爬上假台猪后从后面靠近公猪,并轻轻按摩其包皮。这样有利于激起性反射,并排出包皮液,便于采精。

⑥采精员必须操作熟练。不正确的采精方法往往会造成公猪

巨大的痛苦,特别是用手握住公猪阴茎体部(非螺旋部分),公猪会非常痛苦而从假台猪上退下来;在采精过程中,如果锁定力度不合适,可能会造成公猪的不舒适;采精过程中龟头脱手也都会造成公猪痛苦;如果公猪爬跨上假台猪后,因不舒适而从假台猪上退下,那么对以后调教成功的难度会增大,但即使如此,也不能急躁冒进,要吸取教训,审查操作过程以便在下一次调教中进行相应调整。即使已经成功采精几次的小公猪,如果采精方法不当,也会削弱已经建立起来的条件反射。所以,在公猪爬跨上假台猪后,熟练、准确的操作,对调教成功是十分重要的。

⑦采精成功后应在第二、第三天同一时间重复1次。主要目的是巩固记忆,使公猪形成牢固的条件反射。

3. **调教公猪年龄**　不同品种的公猪的性成熟时间不同,调教的最佳时机也不同,一般 6.5~7.5 月龄的小公猪较好调教。夏季公猪性功能发育较慢,在 6.5 月龄时可能性欲并不旺盛,应适当推迟调教时间。夏季不宜调教公猪。

三、猪人工授精技术操作

(一)采　精

采精杯的制备。先在保温杯内衬一次性食品袋,在杯口覆4层脱脂纱布,用橡皮筋固定,要松一些,使其能沉入2厘米左右。制好后放在37℃恒温箱备用。

在采精之前先剪去公猪包皮上的被毛,防止干扰采精及细菌污染。

将待采精公猪赶至采精栏,用 0.1%高锰酸钾溶液清洗其腹部及包皮,再用清水洗净,抹干。

挤出包皮积尿,按摩公猪的包皮部,待公猪爬上台猪后,用温暖清洁的手(有无手套皆可)握紧伸出的龟头,顺公猪前冲时将阴茎的"S"状弯曲拉直,握紧阴茎螺旋部的第一和第二摺,在公猪前冲时允许阴茎自然伸展,不必强拉。充分伸展后,阴茎将停止推进,达到强直、"锁定"状态,开始射精。射精过程中不要松手,否则压力减轻将导致射精中断。

收集精液,直至公猪射精完毕时才放手,注意在收集精液过程中防止包皮部液体等进入采精杯。

注意在采精过程中不要碰阴茎体,否则阴茎将迅速缩回。

每日采精后彻底清洗采精栏。

采精频率:成年公猪每周 2 次,青年公猪每周 1 次(1 岁左右),并固定每头公猪的采精频率。

(二)精液品质检查

1. **本交公猪的精检原则** 配种期公猪每月必须普查精液品质 1 次。精液检查不合格的公猪不可以配种,治疗无效的公猪应立即淘汰。后备公猪必须在精液品质检查合格后方可投入使用。

2. **五周四次精检法** 首次精检不合格的公猪,7 天后复检。复检不合格的公猪,10 天后采精,再隔 4 天后采精检查。仍不合格者,10 天后再采精,再隔 4 天后做第四次检查。经过连续五周四次精检,一直不合格的公猪建议做淘汰处理,若中途检查合格,视精液品质酌情使用。

3. **公猪全份精液品质检查暂行标准**

优:精液量 250 毫升以上,活力 0.8 以上,密度 3.0 亿/毫升以上,畸形率 5%以下,感观正常。

良:精液量 150 毫升以上,活力 0.7 以上,密度 2.0 亿/毫升以上,畸形率 10%以下,感观正常。

合格:精液量 100 毫升以上,活力 0.6 以上,密度 0.8 亿/毫升以上,畸形率 18%以下(夏季可为 20%),感观正常。

不合格:精液量 100 毫升以下且密度 0.8 亿/毫升以下,活力 0.6 以下,畸形率 18%以上(夏季可为 20%),感观不正常。

以上 4 个条件只要有 1 个条件符合即评为不合格。

4. 精液检查实验室配种化验员的职能

①保证生产线的所有在用公猪每月至少精检 1 次,不合格的公猪按五周四次精检法进行复检。

②做好精液计划,保证全场精液的正常供应,把好精液的质量关。

③每月至少向场长汇报 1 次全场公猪的精液品质状况。

④负责收集每周的人工授精周报表,每月装订 1 次。

⑤做好人工授精方面的物品消耗情况和精液使用记录,提前做好常用消耗品的采购计划交给场长。

⑥负责实验室内的清洁卫生、所有设备的日常护理和简单维修。

⑦负责生产线输精工作的指导及监督工作。

⑧人工授精成绩的分析和总结,及时发现问题,不能解决的问题及时向上级汇报。

(三)精液的稀释和稀释倍数

精液稀释之前需确定稀释倍数。稀释倍数根据精液精子密度和稀释后每毫升精液应含的精子数来确定。猪精液经稀释后,要求每毫升含 1 亿个精子。稀释倍数国内地方品种一般为 0.5~1 倍,引入品种为 2~4 倍。精液稀释液可以购买成品或自己配制。

我国常用的猪精液稀释液配方:

①奶粉稀释液:奶粉 9 克、蒸馏水 100 毫升。

②葡柠稀释液:葡萄糖 5 克、柠檬酸钠 0.5 克、蒸馏水 100 毫升。

③"卡辅"稀释液:葡萄糖 6 克、柠檬酸钠 0.35 克、碳酸氢钠

0.12克、乙二胺四乙酸钠0.37克、青霉素3万单位、链霉素10万单位、蒸馏水100毫升。

④氨卵液:氨基己酸3克、蒸馏水100毫升配成基础液,基础液70毫升加卵黄30毫升。

⑤葡柠乙液:葡萄糖5克、柠檬酸钠0.3克、乙二胺四乙酸钠0.1克、蒸馏水100毫升。

⑥葡柠碳乙卵液:葡萄糖5.1克、柠檬酸钠0.18克、碳酸氢钠0.05克、乙二胺四乙酸钠0.16克、蒸馏水100毫升,配成基础液,基础液97毫升加卵黄3毫升。

以上几种稀释液除"卡辅"外,抗生素的用量为青霉素300单位/毫升、硫酸双氢链霉素1 000微克/毫升。

国外常用的3种猪精液稀释液配方:

①BL-1液(美国):葡萄糖2.9%、柠檬酸钠1%、碳酸氢钠0.2%、氯化钾0.03%、青霉素1 000单位/毫升、双氢链霉素0.01%。

②IVT液(英国):葡萄糖0.3克、柠檬酸钠2克、碳酸氢钠0.21克、氯化钾0.04克、铵苯磺酸0.3克、蒸馏水100毫升,混合后加热使之充分溶解,冷却后通入二氧化碳约20分钟,使pH值达到6.5。

③奶粉-葡萄糖液(日本):脱脂奶粉3.0克、葡萄糖9克、碳酸氢钠0.24克、α-氨基-对甲苯磺酰胺盐酸盐0.2克、磺胺甲基嘧啶钠0.4克、灭菌蒸馏水200毫升。

精液稀释应在精液采出后尽快进行,稀释液温度必须调整与精液一致,一般为30℃。

(四)精液的保存

为了延长精子的存活时间,扩大精液的使用范围,便于长途运输,稀释后的精液需进行保存。

1. 常温保存　在15℃~20℃室温条件下,利用稀释液的弱酸性环境来抑制精子的活动,减少能耗。而稀释液中的抗生素类药物可以抑制微生物繁衍,减少对精子的危害,使精液得以保存,保存时间为3天左右。可以使用恒温箱保存。

2. 低温保存　在0℃~5℃条件下,精子的活力被抑制,代谢水平降低,减少能耗,精子的存活时间得以延长。在低温保存下,0℃~10℃对精子是一个危险的温度范围区,如果精液从常温状态迅速降至0℃,精子会发生不可逆的冷休克现象。所以,精液在低温保存之前,需经预冷平衡。具体操作:每分钟降温0.2℃,用1~2小时完成降温全过程。此外,在稀释液内添加卵黄、奶类等物质也可以提高精子的抗冷能力。

(五)输　精

刚开始采用人工授精的猪场多采用1次本交、2次人工授精的做法,逐渐过渡到全部人工授精。输精前必须检查精子活力,低于0.6的精液坚决不用。

生产中输精操作程序:

清扫消毒输精栏、0.1%高锰酸钾消毒水、清水、抹布、精液、剪刀、针头、干燥清洁毛巾等。先用消毒水清洁母猪外阴周围、尾根,再用温和清水洗去消毒水,擦干外阴。

将试情公猪赶至待配母猪栏前,使母猪在输精时与公猪有口、鼻接触,输完几头母猪更换1头公猪以提高公、母猪的兴奋度。

从密封袋中取出无污染的一次性输精管,手不得触其前2/3部,在前端涂上对精子无毒的润滑油。

将输精管斜向上插入母猪生殖道内,当感觉到有阻力时再稍用力,直到感觉其前端被子宫颈锁定为止(轻轻回拉不动)。

从保温箱中取出精液,确认标签正确。

小心混匀精液,剪去瓶嘴,将精液瓶接上输精管,开始输精。

轻压输精瓶,确认精液能流出,用针头在瓶底扎一小孔,按摩母猪乳房、外阴或压背,使子宫产生负压将精液吸纳,绝不允许将精液挤入母猪的生殖道内。

通过调节输精瓶的高低来控制输精时间,一般 3~5 分钟输完,不得少于 3 分钟,防止吸得快,倒流得也快。

输精完毕后在防止空气进入母猪生殖道的情况下,将输精管后端折起塞入输精瓶,让其留在生殖道内,慢慢滑落。于下班前集好输精管,冲洗输精栏。

每输完一头母猪,立即登记配种记录,须如实记录。

补充说明:①精液从 17℃ 冰箱取出后不需升温,可直接用于输精。②输精管的选择:经产母猪用海绵头输精管,后备母猪用尖头输精管,输精前需检查海绵头是否松动。③两次输精间隔为 8~12 小时。④输精过程中排粪尿时要及时更换一条输精管,排粪后不准再向生殖道内推进输精管。⑤3 次输精后 12 小时仍出现稳定发情的个别母猪可多人工授精 1 次。

(六)猪人工授精的优缺点

1. 人工授精的优点

(1)**提高良种利用率** 猪人工授精是进行品种改良的最有效手段,可以促进品种更新和提高商品猪质量及其整齐度。通过人工授精技术,将优良种公猪的优质基因大面积推广,留优汰劣,减少公猪的饲养量,促进种猪的品种改良和商品猪生产性能的提高。

(2)**克服体格大小的差别,充分利用杂种优势** 利用人工授精技术,只要母猪发情稳定,就可以克服公、母猪体型差异及公、母猪的偏好造成的配种困难,有利于优质种猪的利用和杂种优势的充分发挥。

(3)**减少疾病的传播** 进行人工授精的公、母猪,需经过连续检测为健康的猪只,严格按照操作规程配种,尽量减少采精和精液处理过程中的污染,就可以减少部分疾病的发生和传播,从而提高母猪的受胎率、产仔数和利用率。通过精液传播的疾病可通过人工授精传染,因此对种公猪必须进行疾病检测。

(4)克服时间和区域的差异,适时配种　采用人工授精可以克服公猪数量不够,或需进行品种改良但引进种公猪不易等困难,携带方便,经济实惠,精液经稀释、保存,能做到适时配种。

(5)节省人力、物力、财力,提高经济效益　人工授精使饲养公猪数量相对减少,节省了人工、饲料、栏舍及资金,提高了经济效益。

2. 人工授精的缺点　如果猪场本身生产水平不高,技术不过关,又没有必要的精液检测、保温设备,使用人工授精很可能会造成母猪子宫炎增多、受胎率低和产仔数少的情况。建议让技术人员先学技术,后进行小规模人工授精试验,或采取自然交配与人工授精相结合的方式,随着生产水平和技术的不断提高,再进行推广。

参考文献

[1] 王成立．猪无公害高效养殖[M]．山东农科院畜牧兽医研究所．北京：金盾出版社,2007.

[2] 曾昭光．怎样饲养瘦肉型猪[M]．北京：科学技术文献出版社,2002.

[3] 山西农业大学,江苏农学院．养猪学[M]．北京：农业出版社,1980.

[4] 王伟国．规模化猪场的设计与管理[M]．北京：中国农业科学技术出版社,2006.

[5] 郑友民,苏振环．中国养猪[M]．北京：中国农业科学技术出版社,2005.

[6] 连森阳．养猪技术与经营管理[M]．北京：中国农业出版社,2004.

[7] 赵书广．中国养猪大成[M]．北京：中国农业出版社,2003.

[8] 曲万文．现代猪场生产管理实用技术(第二版)[M]．北京：中国农业出版社,2009.

[9] 王林云．现代中国养猪[M]．北京：金盾出版社,2007.

[10] 熊家军．健康养猪关键技术精细[M]．北京：化学工业

出版社,2009.

[11] 山西农业大学,江苏农学院. 养猪学[M]. 北京:农业出版社,1980.

[12] 曾昭光. 怎样饲养瘦肉型猪[M]. 北京:科学技术文献出版社,2002

[13] 闫益波. 轻松学养猪[M]. 北京:中国农业科学技术出版社,2014.

[14] 王伟国. 规模化猪场的设计与管理[M]. 北京:中国农业科学技术出版社,2006.

[15] 郑友民,苏振怀. 中国养猪[M]. 北京:中国农业科学技术出版社,2005.

[16] 连森阳. 养猪技术与经营管理[M]. 北京:中国农业出版社,2004.

[17] 赵书广. 中国养猪大成[M]. 北京:中国农业出版社,2003.

[18] 曲万文. 现代猪场生产管理实用技术(第二版)[M]. 北京:中国农业出版社,2009.

[19] 王林云. 现代中国养猪[M]. 北京:金盾出版社,2007.

[20] 熊家军. 健康养猪关键技术精细[M]. 北京:化学工业出版社,2009.

[21] 侯万文. 图说高效养猪关键技术[M]北京:金盾出版社,2009.

[22] 陈瑶生. 专家与成功养殖者共谈:现代高效养猪实战方案[M]. 北京:金盾出版社,2013.

三农编辑部新书推荐

书　名	定　价
西葫芦实用栽培技术	16.00
萝卜实用栽培技术	16.00
杏实用栽培技术	15.00
葡萄实用栽培技术	19.00
梨实用栽培技术	21.00
特种昆虫养殖实用技术	29.00
水蛭养殖实用技术	15.00
特禽养殖实用技术	36.00
牛蛙养殖实用技术	15.00
泥鳅养殖实用技术	19.00
设施蔬菜高效栽培与安全施肥	32.00
设施果树高效栽培与安全施肥	29.00
特色经济作物栽培与加工	26.00
砂糖橘实用栽培技术	28.00
黄瓜实用栽培技术	15.00
西瓜实用栽培技术	18.00
怎样当好猪场场长	26.00
林下养蜂技术	25.00
獭兔科学养殖技术	22.00
怎样当好猪场饲养员	18.00
毛兔科学养殖技术	24.00
肉兔科学养殖技术	26.00
羔羊育肥技术	16.00

三农编辑部即将出版的新书

序 号	书 名
1	提高肉鸡养殖效益关键技术
2	提高母猪繁殖率实用技术
3	种草养肉牛实用技术问答
4	怎样当好猪场兽医
5	肉羊养殖创业致富指导
6	肉鸽养殖致富指导
7	果园林地生态养鹅关键技术
8	鸡鸭鹅病中西医防治实用技术
9	毛皮动物疾病防治实用技术
10	天麻实用栽培技术
11	甘草实用栽培技术
12	金银花实用栽培技术
13	黄芪实用栽培技术
14	番茄栽培新技术
15	甜瓜栽培新技术
16	魔芋栽培与加工利用
17	香菇优质生产技术
18	茄子栽培新技术
19	蔬菜栽培关键技术与经验
20	李高产栽培技术
21	枸杞优质丰产栽培
22	草菇优质生产技术
23	山楂优质栽培技术
24	板栗高产栽培技术
25	猕猴桃丰产栽培新技术
26	食用菌菌种生产技术